U0724331

宽带激光脉冲的非线性时空演化及测量研究

邓杨保　著

吉林大学出版社

·长春·

图书在版编目（CIP）数据

宽带激光脉冲的非线性时空演化及测量研究 ／ 邓杨保著． — 长春：吉林大学出版社，2020.4
ISBN 978-7-5692-6296-4

Ⅰ．①宽… Ⅱ．①邓… Ⅲ．①光脉冲－非线性－宽带传输－研究 Ⅳ．① TN781

中国版本图书馆 CIP 数据核字（2020）第 058808 号

书　　名：宽带激光脉冲的非线性时空演化及测量研究
KUANDAI JIGUANG MAICHONG DE FEIXIANXING SHIKONG YANHUA JI CELIANG YANJIU

作　　者：邓杨保　著
策划编辑：邵宇彤
责任编辑：卢　婵
责任校对：曲　楠
装帧设计：优盛文化
出版发行：吉林大学出版社
社　　址：长春市人民大街4059号
邮政编码：130021
发行电话：0431-89580028/29/21
网　　址：http://www.jlup.com.cn
电子邮箱：jdcbs@jlu.edu.cn
印　　刷：三河市华晨印务有限公司
成品尺寸：170mm×240mm　　16开
印　　张：10
字　　数：180千字
版　　次：2020年4月第1版
印　　次：2020年4月第1次
书　　号：ISBN 978-7-5692-6296-4
定　　价：39.00元

版权所有　　翻印必究

前　言

随着超短脉冲激光技术的发展，激光脉冲的脉宽已经进入阿秒量级，从而使激光脉冲的光谱宽度变得越来越宽。光束质量（时空特性）是衡量激光系统性能的一个重要指标。宽带激光脉冲具有"尖锐"的时间特性（飞秒甚至更短）、很小的光束直径和很高的峰值功率等，导致它在介质中传输时会产生多种时空非线性效应，如自聚焦、自散焦、自相位调制、自陡和受激拉曼等，其中自聚焦（尤其是小尺度自聚焦）是最主要的非线性效应，它会影响光束质量，使输出的光束发生严重畸变。实时监测和精密测量宽带激光脉冲非线性传输过程中的时空演化特性就是为了更好地控制输出光束质量，所以研究和精密测量高功率宽带激光脉冲在非线性介质传输中的时空演化规律，无论在理论上还是在实际应用上都具有十分重要的意义。本书在理论和实验上研究了宽带激光脉冲非线性传输过程中的时空演化规律，获得了如下主要成果。

第一，本书第 3 章基于广义（3+1）维非线性薛定谔方程的解析解，在理论上研究了激光脉冲在非均匀非线性介质中的时空传输特性，得到了激光脉冲能够在该介质中稳定传输的条件。研究成果对激光脉冲非线性传输的扩展及调控具有一定的参考价值。

先综合利用奇次平衡法原理和 F- 展宽技术解析求解了具有分布系数的广义（3+1）维非线性薛定谔方程，并得到了一系列的时空孤子解和周期行波解。当激光脉冲在非均匀非线性介质中传输时，由于不同阶的强度矩可以描述激光脉冲的特性，于是利用强度矩方法研究解析解（激光脉冲）在非均匀非线性介质中的时空传输特性，并计算了解析解的束宽、脉宽、光强分布的对称性和时空 K 参数。然后，根据二阶强度矩详细地分析了解析解在非线性传输过程中的时空稳定性。研究发现：①当衍射系数和色散系数为相同的分布系数时，无初始啁啾和带有初始啁啾的时空孤子解的束宽和脉宽为恒定常数，而无初始啁啾和带有初始啁啾的周期行波解的束宽和脉宽

1

呈周期性变化，因此解析解在非线性传输过程中是稳定的，很小的啁啾或者微扰基本上不影响激光脉冲的时空传输特性；②当衍射系数和色散系数为其他系数时，无初始啁啾的时空孤子解的束宽和脉宽为恒定常数，但是带有初始啁啾的时空孤子解以及无初始啁啾和带有初始啁啾的周期行波解的束宽和脉宽呈现无规律变化，所以激光脉冲在非均匀非线性介质中传输是不稳定的，激光脉冲的时空传输特性很容易受到啁啾或者微扰影响。

第二，本书第 4 章中提出一种精密测量激光脉冲非线性传输过程中时域精细结构的方法，该方法具有操作简单、测量精度高等优点。利用该测量方法在实验上得到了激光脉冲自聚焦过程中的时间演化规律。该方法对测量中红外激光脉冲非线性传输过程中的时间演化特性具有一定的参考价值。

在大型钕玻璃激光系统中，时域上带有初始调制的激光脉冲通过非线性传输和放大，调制将会在整个钕玻璃激光系统中得到累积和增强，因此测量激光脉冲的时域精细结构是非常重要的。本书提出了一种基于同步飞秒激光脉冲测量皮秒激光脉冲在非线性传输过程中的时空演化方法。先从理论上分析了该方法的可行性和正确性，得出该方法能够精密测量时域比较复杂的皮秒激光脉冲精细结构和时间脉宽，飞秒探测激光脉冲的脉宽越短，测量精度越高，测量误差值也越小。然后，在实验上利用同步的 Ti:sapphire 激光器输出脉宽大约 100 fs 的飞秒激光脉冲测量了 Nd:YLF 激光器输出脉宽大约为 75 ps 的皮秒激光脉冲的时域精细结构。实验结果表明，从 Nd:YLF 皮秒激光器输出的皮秒激光脉冲时域比较匀滑干净，测量的脉宽和自相关方法测量结果基本一致。最后，利用该方法测量了皮秒激光脉冲经过不同长度二硫化碳（CS_2）非线性介质后的时空演化特性。结果表明，当 CS_2 介质长度增大时，皮秒激光脉冲在空间上出现轻微的自聚焦效应，时间脉宽有稍微变窄的趋势。

第三，本书第 5 章中提出一种精密测量超短激光脉冲非线性传输过程中不同空间位置的时间脉宽演化规律的方法。利用该测量方法在实验上揭示了小尺度自聚焦过程中局部空间强度变化对时间脉宽的演化影响，即时空耦合效应。

小尺度自聚焦会引起激光光束的局部空间强度迅速增长，从而导致光束分裂成为强度增长区和强度非增长区域，本书在实验中研究了强度增长区和强度非增长区的时空演化规律。由于激光脉冲不同空间位置的初始光强分布是不均匀的，因此不同空间位置的初始时间脉宽是不一样的。本书提出了一种改进的互相关方法，它能够精密测量飞秒激光脉冲不同空间位置的时间脉宽。然后利用该方法精密测量了小尺度自聚焦过程中飞秒激光脉冲的强度增长区和强度非增长区域的时间脉宽演化规律。结果表明，随着入射峰值功率的增加，强度增长区域的空间峰值强度越来越大，因此该区域的小尺度自聚焦效应变得越来越强，从而导致该区域的时间脉宽变得越来越窄，当空间峰值强度达到最大时，脉宽将压缩到最窄。但是，当入射峰值功率增加时，强度非增长区的空间峰值强度基本保持不变，所以该区域的小尺度自聚焦效应非常弱，时间脉宽基本上保持不变。可见，详细地研究小尺度自聚焦过程中不同空间位置的时间演化规律，能够为精密测量激光脉冲成丝之后不同细丝非线性传输过程中的时空演化规律提供重要的参考依据。

邓杨保

2019 年 12 月

目　录

第 1 章　绪论

1.1　课题来源

本书研究成果获得国家自然科学基金项目"宇称时间对称介质中飞秒涡旋光束的演化及控制机理研究"（编号：61605045）和国家自然科学基金委员会与中国工程物理研究院联合基金项目"超短脉冲激光系统中光传输时空特性研究"（编号：10776008）的资助。本书主要对宽带激光脉冲在激光系统传输过程中的时空演化特性进行了一系列的研究，研究内容包括对宽带激光脉冲的传输模型进行系统的研究与分析；啁啾激光脉冲传输过程中各类空间调制对激光光束空间质量的影响，空间微扰增长与调制频率、功率和啁啾的关系；（准）宽带激光脉冲非线性传输过程中的时空演化及测量、不同空间位置的时间脉宽演化规律等。

1.2　背景与意义

随着超短脉冲激光技术的不断进步，激光脉冲的时间宽度已经进入阿秒量级，从而使激光的频谱带宽由窄带迈向宽带范畴，其中一个重大的发展是宽频带飞秒（fs）激光脉冲技术和以它为基础的超高功率超高强度超短脉冲激光器。[1] 高功率超短激光脉冲在非线性光学、强场物理、激光等离子体物理、超高能量密度物理、等离子体加速器及 X 射线激光等研究领域有着极其广泛而重要的应用。[2-4] 1963 年，苏联科学家 N. G. Basov 和 O. N. Krokhin 首次提出了激光核聚变（inertial confinement fusion，ICF）的基本概念。[5] 由于实现核聚变需要非常高的温度，同时用于 ICF 的驱动能量需要也非常高，所以超高功率、超高强度激光装置还是开展"快点火"激光聚变、探索极端条件下物质行为等重大科学研究的基本手段。在过去的几十年中，世界上许多国家已经投入大量的人力、物力和财力进行相关理论和工程技术研究，陆续建成了一些高功率固体激光系统[6-13]，其中最典型的就是欧洲的 HiPER 激光系统，HiPER 利用现有的激光技术，将一个 200 kJ 的长脉冲激光器和一个 70 kJ 的短脉冲激光器进行了结合[14]。在这方面，国内数家单位如中国科学院上海光学精密机械研究所、中科院物理所和中国工程物理研究院等相继建造了类似的高功率固体激光系统。[15-19]

在研究高功率激光驱动器时，研究者发现如果采用宽频带激光在主激光系统传输，不但可以有效地改善靶面照明的均匀性，而且对激光系统本身有很多好处，如宽频带激光的放大效率比常规窄带激光的放大效率要高，而且宽频带激光的衍射、干涉效应被抑制得很显著，从而使总体性能、输出能力得到较大提高。1983 年，我国著名科学家邓锡铭等人[20]提出用增加频带宽度的方法来提高钕玻璃高功率激光器的输出功率，并进行了一系列的理论与实验研究，研究结果表明增加带宽可以有效地抑制小尺度自聚焦的发生，从而提高高功率激光系统的输出能力。同年，王桂英等人[21]从理论和实验两个方面研究了相同传输条件下宽带激光脉冲和窄带激光脉冲的传输特性，研究结果指出宽带激光脉冲的近场调制要小于窄带激光脉冲的近场调制，而且聚焦功率可以更高。20 世纪 90 年代初，美国劳伯斯·利弗莫尔国家实验室（LLNL）的研究人员在研究 ICF 激光驱动器时发现小带宽（大约 10%）可以提高激光打靶时的空间均匀性和材料的负载能力，而且当带宽增加时，小尺度调制的空间增益谱的频率范围往高频方向移动，这就意味着增大带宽可以抑制小尺度自聚焦效应。[22-26] 2006 年，张小明在其博士论文中总结了高功率激光驱动器的发展历史和不足之处，并对未来的发展趋势做出了预测，提出了一种新型高功率激光驱动器"Hi-FPN 激光系统"。这种新型高功率激光驱动器的主要核心功能包括宽带激光脉冲的产生、传输、放大、倍频和控制，该系统能够同时输出三类高功率激光脉冲,分别为纳秒、皮秒和百飞秒量级的激光脉冲,并且能够降低非线性效应对系统输出能力的影响,增加带宽,提高光束远场分布的均匀性。[27]

综上所述,在高功率激光系统中采用宽带(小宽带)激光脉冲传输放大的技术途径,有可能从根本上解决高功率激光驱动器发展中所遇到的主要问题。此外,国家"快点火"工程的重要工具是以啁啾脉冲放大为技术路线的皮秒高能量激光系统,该系统也是一个典型的宽频带激光系统,但是激光脉冲在该系统中传输时,干涉、衍射等效应和常规的窄带系统是不一样的。所以,宽带激光脉冲的传输与普通窄带(准单色)的激光传输是有区别的,除了受到增益饱和、增益窄化和非线性自聚焦等效应影响外,它还受到自相位调制、色散、光谱漂移和光谱增益窄化等效应的影响,目前许多技术难题还未解决。[28-30] 宽带激光脉冲与窄带激光脉冲的差别主要表现有以下两点。第一,宽带激光脉冲的光谱包含多种频率的光波,而不同频率成分的光波衍射的强弱程度是不一样的,这就导致所谓的时空耦合现象,对光束的展宽、聚焦,以及小尺度自聚焦过程等都有影响[30-31];第二,宽带激光脉冲具有"宽频带"特点,其光谱带宽是可以与激光增益带宽相比拟的,所以在研究宽带激光脉冲的放大过程中必须考虑不同光谱成分有不同的增益和脉冲光谱的窄化现象。[32] 同时,时空耦合效益会导致宽带激光脉冲在传输过程中发生形状改变的现象。[33-38]

另外,激光脉冲的频谱宽度得到极大增宽,其时间特性就变得非常尖锐(飞秒甚至更短),峰值功率也会变得很高,频谱变宽又必然会导致激光脉冲相关传输特性发生变化。高功率宽带激光脉冲在介质传输时会产生许多时空非线性效应,包括自聚焦效应、自散焦效应、成丝、脉冲塌陷、脉冲分裂、超连续、自陡峭效应、四波混频效应和受激拉曼效应等[38-55],从而改变激光脉冲的特性或者高效地产生不同频率的超短脉冲,其作用过程非常复杂。在各种非线性效应中,自聚焦(尤其是小尺度自聚焦)是最主要的非线性效应,它会影响光束质量,从而使输出的光束发生严重畸变。实时监测和精密测量宽带激光脉冲非线性传输过程中的时空演化特性，就是为了更好地控制输出光束质量。目前，对宽带激光脉冲非线性传输过程的空间演化特性进行实时监测测量是能够实现的，但是对时间和相位演化特性进行实时监测测量还是非常困难的，主要有以下几个问题。①超强宽带激光脉冲在非线性介质中传输时会产生各种不同的非线性效应，其作用过程非常复杂，从而导致脉冲的测量和分析非常困难，所以必须借助数值模拟分析和实验验证；②超强宽带激光脉冲在非线性介质中传输时产生各种不同的非线性效应，其作用过程非常快，导致激光脉冲的变化过程很难进行有效的实时监测测量。综上所述，对于进一步研究宽频带激光脉冲在非线性过程中的相关时空特性，以及精密测量宽带激光脉冲非线性传输过程中的时空演化规律，特别是时域精细结构、时间演化特性和相位变化情况，无论在理论上还是在实际应用上都具有非常重要的意义。

1.3　宽带激光脉冲的基本概念

在研究宽带激光脉冲的传输之前，我们必须清楚什么样的脉冲是"宽频带"激光脉冲，它的频谱宽度跟时间脉宽、啁啾之间的关系，以及带宽跟波长、啁啾之间的关系又是怎样的。当入射到介质中的激光脉冲为线性啁啾高斯脉冲时[56]，入射光场可以表示为

$$U(0,T) = \exp\left[-\frac{(1+\mathrm{i}C)}{2}\frac{T^2}{T_0^2}\right] \tag{1.1}$$

式中，C 表示啁啾参量，$C > 0$ 表示从脉冲前沿到后沿的瞬时频率线性增加（正啁啾），$C < 0$ 则刚好相反（负啁啾）；T_0 表示脉冲的半宽度（在光强峰值的 $1/\mathrm{e}$ 处）。对式（1.1）进行傅里叶变换可得到 $\tilde{U}(0,\omega)$ 的表达式：

$$\tilde{U}(0,\omega) = \left(\frac{2\pi T_0^2}{1+\mathrm{i}C}\right)\exp\left[-\frac{\omega^2 T_0^2}{2(1+\mathrm{i}C)}\right] \tag{1.2}$$

由式（1.2）可以得出频谱的半宽度（振幅的 1/e 处）为

$$\Delta\omega = \frac{\sqrt{(1+C^2)}}{T_0} \tag{1.3}$$

根据式（1.3）可以看出，当啁啾参量为零时（$C=0$），频谱宽度为傅里叶变换极限，满足关系式 $\Delta\omega T_0 = 1$；当啁啾参量不为零时（$C \neq 0$），频谱宽度增大了 $\sqrt{(1+C^2)}$ 倍。

由于 $\omega = 2\pi c/\lambda$，其中 c 表示光速，λ 表示波长，该式两边同时对 λ 进行求导可得 $d\omega = (-2\pi c/\lambda^2)d\lambda$，即有 $|\Delta\omega| = |(2\pi c/\lambda^2)\Delta\lambda|$。将式（1.3）代入前面的式子中就可以得到半带宽（振幅的 1/e 处）跟脉宽、啁啾和波长之间的关系式：

$$\Delta\lambda = \frac{\sqrt{(1+C^2)}}{T_0}\frac{\lambda^2}{2\pi c} \tag{1.4}$$

在实际情况下，脉冲的宽度常用半高全宽（FWHM）来表示，即有 $T_0 = T_{FWHM}/2(\ln 2)^{1/2}$，将该式代入式（1.4）中可得带宽（半高全宽）跟脉宽、啁啾和波长的关系：

$$\Delta\lambda_{FWHM} = \frac{(\ln 2)^{1/2}\sqrt{(1+C^2)}}{T_{FWHM}}\frac{\lambda^2}{\pi c} \tag{1.5}$$

由式（1.3）和（1.5）可知，在无初始啁啾情况时（$C=0$），对于特定波长的脉冲，其脉宽越小，带宽就会变得越大。例如，对于波长为 800 nm，脉宽为 $T_{FWHM} = 100$ fs 的超短脉冲，其带宽为 $\Delta\lambda_{FWHM} = 11.322$ nm，这个带宽相对于窄带脉冲而言是很大了。对于固定材料的激光器，其输出脉冲的带宽是恒定不变的。例如，实验室的商用 Ti:sapphire 激光器输出带宽为 $\Delta\lambda_{FWHM} = 12$ nm（大宽带）、脉宽为 100 fs 的超短脉冲；而 Nd:YLF 激光器输出带宽为 $\Delta\lambda_{FWHM} = 0.1$ nm（准宽带）、脉宽为 75 ps 的脉冲。本书研究的宽带激光脉冲传输主要是指大宽带的飞秒激光脉冲和准宽带的皮秒激光脉冲。

7

1.4 宽带激光脉冲的研究现状

超短激光脉冲的出现对激光的传输有着很深的影响，同时使人类可以在从未有过的时间尺度上观察超快变化过程。随着激光脉冲的时间宽度变得越来越短，在分辨认识物质的过程的精度也就变得越来越高，于是就诞生了"极限非线性光学"和"单周期非线性光学"。[57] 几年来，超短激光脉冲的脉宽最短纪录不断被刷新[58]，如在紫外和 X 射线波段可以产生 10 as 的超短脉冲。在可见光和红外波段，已经可以产生与光学周期差不多的甚至更短的超短脉冲，如中心波长为 800 nm 的激光脉冲的光学周期为 2.76 fs。目前，在 270 ～ 1 000 nm 波长范围内可以产生的脉宽为 1.5 fs，只有 0.65 个光学周期的超短脉冲。[59] 在 1.5 μm 波段也能产生单周期光脉冲，这极大地促进了超快光谱技术和阿秒科学技术的发展。[60] 宽频带飞秒激光脉冲技术和以它为基础的超高功率超高强度超短脉冲激光器成为最近几年的研究热点。近十年来，世界上各个主要科技大国已经陆续建成多套超高功率（>40 TW）飞秒激光装置[3-4][61-68]（表 1.1），如美国的 Berkeley 实验室、Michigan 大学、德国的 MBI 研究所、MPQ 研究所、Jena 大学、日本东京大学和韩国的 KAERI 研究所等实验室建有太瓦量级的飞秒激光装置，并广泛地应用于多个领域。国内数家单位如中国科学院上海光学精密机械研究所、中科院物理所和中国工程物理研究院等也相继建立了几套 TW 量级的飞秒激光系统，其中最典型的一套是中国工程物理研究院于 2004 年初建成的 26 fs 、300 TW 钛宝石激光装置，装置总体性能和多项关键技术已处世界前列。

表 1.1　近十年世界各国建设的高功率固体飞秒激光装置

国　家	装置名	能量 /J	脉宽 /fs	功率 /TW	年　份
中国	Jiguang-Ⅲ	11	30	350	2006
英国	Astra Gemini	15	30	500	2007
美国	HERCULES	17	30	300	2008
韩国	APRI	20	40	500	2009
韩国	APRI	47	30	1000	2010
韩国	PULSER	44.5	30	1500	2012
中国	Ti:S CPA LS	72.6	26	2000	2013
中国	Shanghai SIOM	5.6	27	200	2016
韩国	CoReLS	83	19.4	4200	2017
中国	Shanghai SUL	339	21	10300	2018

　　一般情况下，超短激光脉冲在非线性介质中传输时，如果只考虑衍射、群速度色散和瞬时的克尔非线性效应，采用标准的（3+1）非线性薛定谔方程（NLSE）即可求解激光脉冲的传输特性。然而，随着超快激光技术的快速发展，激光脉冲的脉宽已经能够达到几个飞秒甚至十几个阿秒，而且在实验上能够实现几个光学周期的飞秒脉冲的传输。当激光脉冲的脉宽很短时，其频谱宽带就会变得很宽。最近几年，很多研究者在理论和实验上研究了短到几个光学周期的超短脉冲的传输。研究表明，当激光脉冲的脉宽在几个光学周期范围内时，描述单色光条件下空间光束传输的旁轴近似和描述激光包络变化的慢变包络近似（SVEA），这两种近似都不再适用，因此原来的超短脉冲激光传输方程必须进行修正。于是，Brabec 等人 [69-70] 提出了慢演化波近似（SEWA），并建立了相应的（3+1）维非线性传输方程，即非线性包络方程（NEE）。NEE方程与标准的 NLSE 相比，该方程包含了更多的非线性效应，如拉曼效应、自陡峭效应、时空聚焦效应和高阶色散效应等。NEE 方程在理论上可以适用于一个光学周期以上的激光脉冲传输，随后有很多论文和实验都验证了 Brabec等人提出的近似和 NEE 方程的正确性。后来，Porras 等人 [71] 又将其推广为慢演化包络近似（SEEA）。2002 年，P. Sprangle 等人 [72] 对高强度激光脉冲在非线性介质（大气）中传输建立了完整的理论模型。

　　当激光脉冲的脉宽变得非常短时，其频谱宽度得到极大增宽，峰值功率也会变得很高，频谱的增加又必然会引激光脉冲相关传输特性发生变化。在宽频带、高功率条件下，激光脉冲在介质传输时会产生许多时空非线性效应，如自聚焦效应、成丝、脉冲塌陷和脉冲分裂等，这些效应引起了人们的兴趣。在上述众多的非线性效应中，飞秒激光脉冲的自聚焦效应以及成丝现象备受关注，人们开展了大量的理论和实验研究[38-51][73-80]，特别是飞秒激光脉冲在透明介质传输过程中的成丝现象，如 2007 年 Phys. Reports 做了一个专题报道。[44] 在 1.5 小节中重点描述了宽带激光脉冲非线性传输过程中的自聚焦效应，以及宽带激光脉冲在整体自聚焦和小尺度自聚焦过程中的时空变化特性。

1.5　宽带激光脉冲的非线性传输特性

高强度的宽带激光脉冲在介质中传输时会产生各种不同的非线性效应，其中自聚焦效应是最主要的非线性效应，它会引起系统输出的光束形状发生严重的畸变，从而影响光束质量并导致光束分裂成丝。为了更好地控制激光的光束质量，必须要研究清楚宽带激光脉冲在自聚焦过程中的时空变化过程。

1.5.1　自聚焦的基本概念

自聚焦是一种"自作用"效应，它因非线性介质的折射率随光强变化而导致激光光束的波前发生畸变，这种畸变类似一个正透镜强加于光束的畸变，所以自聚焦效应类似于透镜效应。可以用一个简单的模型来描述自聚焦效应。[81] 当一个高斯光束在折射率为 $n = n_0 + n_2 I(r)$ 的克尔非线性介质中传输时，其中，$I(r)$ 表示沿径向坐标 r 的激光光束强度分布，并且 $n_2 > 0$。激光光束中心部分的光强要远大于两边边缘部分的光强，于是中心部分的就会有很大的折射率，导致激光光束中心部分的传播速度低于边缘部分的传播速度，即光束的中心部分相对于边缘部分产生了相位延迟。当激光光束在非线性介质中传输后，光束的波前会产生剧烈的畸变，如图 1.1 所示。由于光线的传播方向总是垂直于波前，所以光束看起来好像是被它自己聚焦。

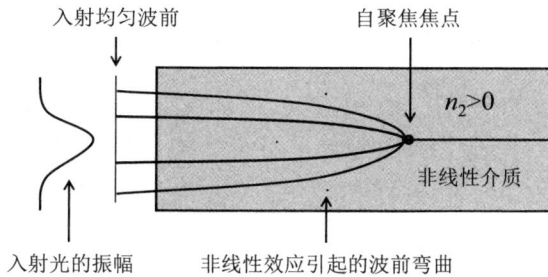

图 1.1　高斯光束在非线性介质中的自聚焦

　　然而，一个有限尺寸的光束在传输过程中必然会产生衍射效应，光束越细，其衍射效应就越强。当光束发生自聚焦效应时，自聚焦导致光束逐渐收缩变细，光束的变细又导致衍射效应逐渐增加，因此光束在非线性传输过程中自聚焦和衍射之间存在竞争关系，必须同时考虑非线性效应和衍射效应。大量的实验和理论已经证明，当激光光束的输入功率大于自聚焦的临界功率时，自聚焦效应始终大于衍射效应，光束将一直进行自聚焦，直到某种其他的非线性效应出现，使自聚焦效应终止。当输入激光光束的自聚焦效应和衍射效应达到平衡时，光束的空间形状在传输过程中不会发生任何变化，这个状态就是所谓的光束自陷（self-trapping）或空间孤子[82]。但是，自陷状态很不稳定，任何微小的扰动或者光强微小的改变都会破坏自陷的平衡，从而使光束又重新聚集或者发散。

　　由上可知，自聚焦效应是针对激光的空间特性而言的，它包括整体自聚焦和小尺度自聚焦。整体自聚焦是指激光光束作为一个整体聚集，最后会聚焦成一点，从而形成一根细丝，所以整体自聚焦又称为全光束自聚焦。小尺度自聚焦是指当激光光强或者相位分布不均匀，也就是说初始光强或者相位上带有调制，这些调制在非线性介质中传输时会迅速增长，从而导致光束在整个空间分裂成调制增长区域和调制非增长区域。如果激光脉冲的输入功率足够大时，小尺度自聚焦效应使调制进一步增长，从而导致形成多根细丝。美国的劳伦斯·利弗莫尔国家实验室的科学家在研究中指出[83-86]："自聚焦效应，特别是小尺度自聚焦效应，一直是高功率激光系统总体设计、工程研制和安全运行所关注的重要问题。"他们把小尺度自聚焦效应发展成为高功率固体激光器设计和分析的有用工具。在实际的高功率系统中，激光光束的初始空间光强或者相位分布总是不均匀的，即使光束最初的分布是均匀的，但在传输过程中由于光学元件加工精度、光学材料的不均匀性和实验环境等因素的影响也会产生空间噪声，因此在没有出现整体自聚焦之前，小尺度自聚焦就已经发生了，所以研究小尺度自聚焦效应有着重要的实际意义。

1.5.2 整体自聚焦过程中宽带激光脉冲的时空演化特性

非线性包络方程（NEE）包含很多的非线性效应，利用该方程可以描述宽带激光脉冲的非线性传输，这一点在随后的很多实验中得到了证明。通过数值模拟和实验研究可以得到宽带激光脉冲在整体自聚焦过程中的时空演化现象，并得到一些有趣的结论。利用 NEE 方程数值模拟了时空形状为高斯型的激光脉冲在空气传输过程中的时空演化情况，如图 1.2 所示。由图可知，激光脉冲在传输过程中的时空形状都被压缩了，当激光脉冲传输到 0.49 km 时，整个空间峰值强度增加了近 300 倍，激光脉冲产生剧烈的整体自聚焦效应，同时激光的脉冲脉宽被压缩到 5 fs。

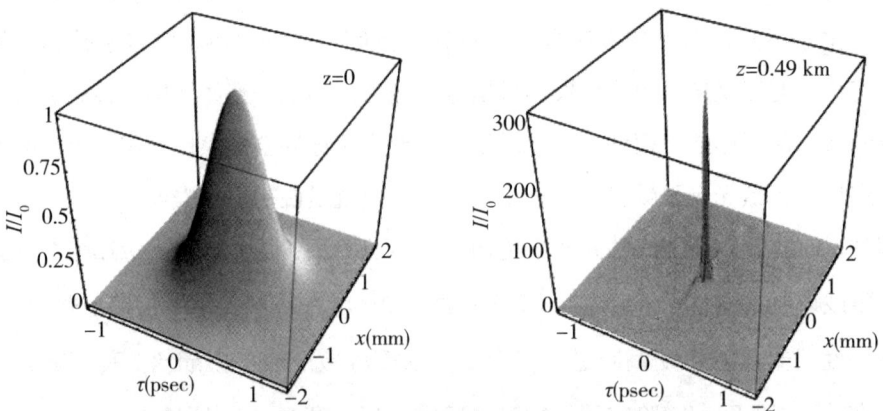

（a）激光脉冲在初始输入时的时空分布情况　　（b）激光脉冲传输到 z=0.49 km 时的时空分布情况

图 1.2　激光脉冲在空气传输过程中的时空演化过程

Zozulya 等人 [38] 在理论上详细地研究了宽带激光脉冲的时空演化。研究表明，飞秒激光脉冲在熔融石英介质中的传输过程中，激光脉冲的峰值强度大约增加了 13 倍，所以激光脉冲在空间上产生了很强的整体自聚焦效应。自聚焦效应导致激光脉冲的空间半高全宽由初始的 70 μm 减少到 15 μm，激光脉冲由于空间上的聚焦，导致它轴上（$t=0$）的时间脉宽也减少了 50%。随着传输距离的进一步增加，激光脉冲在 $r \approx \pm60$ μm 处分裂成脉宽大约为 35 fs 的两个大小相等的子脉冲。当介质的色散系数为正时，激光脉冲的时空聚焦效应会导致频率红移，从而增强脉冲分裂后的子脉冲的强度；当介质的色散系数为负时，时空聚焦效应、拉曼效应和自陡峭效应对激光脉冲的传输都有影响，自陡峭效应导致脉冲的尾部变得陡峭，频率产生蓝移，而拉曼效应将激光的能量移向脉冲的前沿部分（红移），从而在一定程度上削弱了时空聚焦和自陡峭效应的影响。随后 Zozulya 等人 [51] 又发现了整体自聚焦过程中的脉冲分裂现象，研究发现飞秒激光脉冲在非线性介质中传输时，脉冲先分裂成两个子脉冲，然后子脉冲又产生分裂，最后这些分裂的子脉冲又会融合在一起。

宽带激光脉冲非线性传输过程中的脉冲分裂现象的主要物理机制如下。当激光脉冲产生整体自聚焦时，自聚焦效应将离轴的激光能量转移到脉冲的峰值位置附近，从而导致激光脉冲的空域和时域被压缩。[87] 当脉冲的峰值强度继续增加，自相位调制（self-phase modulation，SPM）过程也就延长了，从而产生了许多新的频率成分。于是 SPM 和正常群速度色散联合作用将能量扩散到远离脉冲中心（$t=0$）的地方，促使脉冲产生分裂。当这个过程继续进行，脉冲中心位置的峰值能量开始下降，阻止了脉冲在 $t=0$ 处崩塌，但是离轴位置处（$t\neq0$）的脉冲能量继续聚焦，从而使激光脉冲分裂成两个子脉冲。

1.5.3　小尺度自聚焦过程中宽带激光脉冲的时空演化特性

在实际的高功率固体激光系统中，光束的功率远远大于自聚焦的临界功率，通常是自聚焦临界功率的 10^5 倍以上，又由于光束的初始光强不可能是完全均匀的，所以光束在这种情况下更容易发生小尺度自聚焦。1966 年，Bespalov 和 Talanov[88] 从理论上解析了小尺度自聚焦现象，并且提出了经典的 B-T 理论，即调制不稳定性理论（modulation instability, MI），并推导了最快增长频率、最大增长系数 B（即 B 积分）等重要结果。随后，Campillo 等人 [89-90] 和 Bliss 等人 [91] 直接实验验证了 B-T 理论的正确性，并证实了最快增长频率、自聚焦长度与光强的关系等都与 B-T 理论基本吻合，还进一步证明了激光光束的强度调制是光束分裂成丝的主要原因。2011 年，B. Kibler[92] 和 K. Hammani 等人 [93] 在实验中观察到 Peregrine 孤子的产生和分裂现象。随后，M. Erkintalo 等人 [94] 利用高阶调制不稳定性理论解释了 Peregrine 孤子的产生和分裂现象，他们认为入射带有调制频率的平面波很容易激发高阶调制不稳定，同时它的各次谐波频率也位于调制增益谱内。当发生高阶调制不稳定性时，调制的基频位置出现增长，随着传输距离的增加，调制的二次谐波频率位置开始出现增长，当传输距离进一步增加时，调制的三次谐波频率位置出现增长，所以他们在实验上观察到三阶脉冲分裂现象。

国内对小尺度自聚焦以及调制不稳定的研究也有几十年了，文双春等人 [95-100] 在理论上详细地研究了增益（或损耗）情况下的小尺度自聚焦效应、非傍轴矢量小尺度自聚焦效应，以及超短脉冲在非线性色散介质中的时空不稳定性，详细分析了时空聚焦、自陡峭和高阶色散等效应对时空不稳定性的影响，并且对小尺度自聚焦性质以及某些特性做了理论分析。章礼富等人 [101-104] 在实验中研究了宽带激光脉冲小尺度空间调制的自聚焦过程，并获得了小尺度空间调制增长的演化规律以及调制之间的相互作用规律（图 1.3），并在理论和实验上研究了啁啾宽带激光脉冲的时空噪声的演化过程以及介质的弛豫效应对宽带激光脉冲时空不稳定性的影响。研究结果表明，带有初始衍射调制的宽带激光脉冲在非线性介质中传输时，当入射功率比较小时，衍射效应占主导地位，因此只有明显的衍射调制现象（规则的圆点）；随着入射激光功率的增加，非线性效应开始增强，开始发生小尺度自聚焦，空间特定的位置出现了调制增长；当输入激光功率继续增加时，特定的空间调制进一步增长并导致光束分裂成丝。

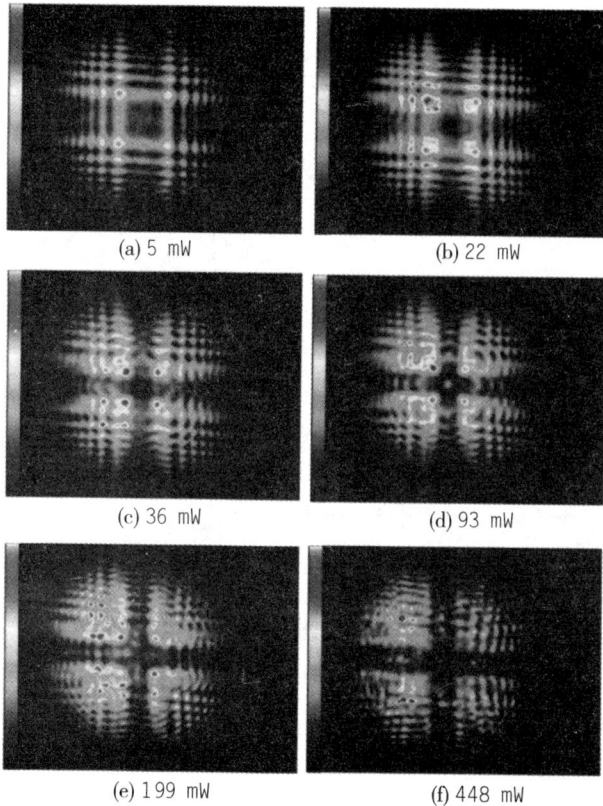

(a) 5 mW

(b) 22 mW

(c) 36 mW

(d) 93 mW

(e) 199 mW

(f) 448 mW

图 1.3　不同输入功率情况下衍射调制下的宽带激光脉冲小尺度自聚焦过程 [101]

侯彦超等人 [105-106] 在理论上研究了啁啾宽带激光脉冲小尺度自聚焦过程中不同空间位置（调制峰和调制谷位置）的时间脉宽演变过程（图 1.4），以及脉冲啁啾对空间调制峰和调制谷处脉宽的影响。研究结果表明，当激光脉冲在非线性介质中传输时，由于非线性效应的作用（主要是小尺度自聚焦效应），调制峰处的强度随着传输距离的增加而增强，调制峰处的脉宽随着传输距离的增加而压缩，当调制峰处的强度达到最大时，其脉宽将被压缩到最小；而调制谷处的强度随传输距离的增加而减弱，调制谷处的脉宽随传输距离的增加而展宽。当群速度色散和自相位调制同时作用时，负啁啾可以加速调制峰处的脉冲压缩，但抑制了调制谷处的脉冲展宽；正啁啾起相反的作用。

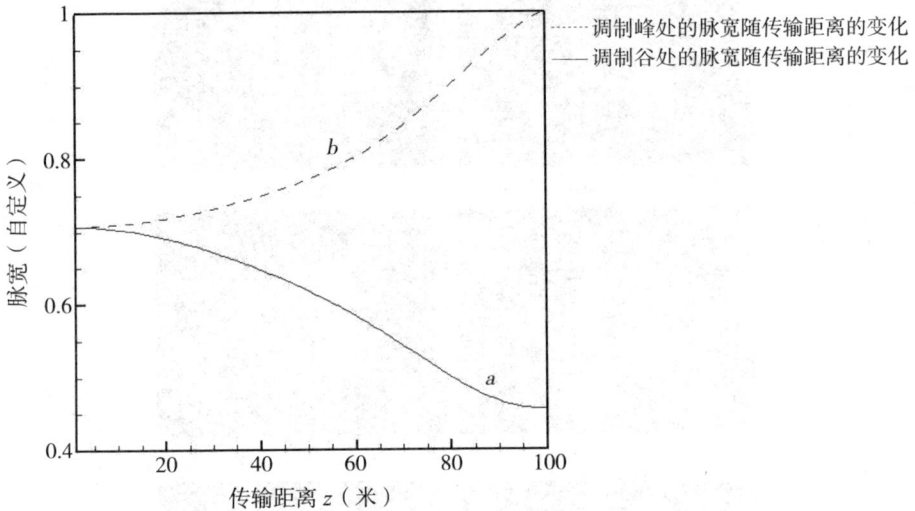

图 1.4　不同空间位置处的时间脉宽演化规律 [105]

以上详细地介绍了国内外研究者在宽带激光脉冲非线性传输过程中的时空演化特性方面所做的工作。有关宽带激光脉冲的非线性传输与控制，本书作者邓杨保等人 [107-113] 也做了许多详细研究，并获得了一些重要成果。①研究高阶效应（三阶色散、受激拉曼、自陡峭）对捕获孤子的演化影响。当高功率和低功率激光脉冲同时在同一光纤中传输时，由于交叉相位调制作用，低功率激光脉冲可以被高功率激光捕获为孤子。他们在理论和数值模拟上详细地分析了高阶效应对捕获孤子的时域和频域演化特性的影响。②研究激光脉冲在 Scarff Ⅱ 型 PT 对称介质中的演化特性。从广义非线性薛定谔方程出发，建立了激光脉冲在 PT 对称介质中的传输模型，并获得了解析解（PT 孤子解）。在解析解的基础之上，利用强度矩方法来分析激光脉冲的非线性传输特性，并通过调控 PT 对称系统中的各种参数来获得激光脉冲在 PT 对称介质中的稳定传输条件。③研究激光脉冲在非均匀的非线性介质中的时空演化特性。综合利用改进的奇次平衡法和 F- 展宽法求解了具有分布系数的（3+1）维广义非线性薛定谔方程，并获得了一系列时空孤子解和周期行波解，以及超短激光脉冲在该介质中的时空演化规律。当激光脉冲在非均匀的非线性介质中传输时，由于不同阶强度矩可以描述激光脉冲的特性，于是利用强度矩方法研究了激光脉冲（解析解）在该介质中的时空演化特性，并根据二阶强度矩详细地分析了激光脉冲在非线性传输过程中的时空稳定性，获得了激光脉冲能够在该介质中稳定传输的条件，以及调控激光脉冲的方法。④基于具有椭圆结构光学格子调制的非线性薛定谔方程解析解理论，利用解析解理论研究调制不稳定性现象，研究发现调制深度 V 影响增益谱的幅值变化，而调制周期 k 同时影响增益谱的幅值和最快增长频率的变化。

综上所述，宽带激光脉冲在非线性介质中传输时会产生多种非线性效应，如自聚焦效应，在这些非线性效应的影响下，激光脉冲在非线性介质中传输时会产生不同的时空演化特性，所以精密测量这些时空演化规律是非常重要的。越来越多的研究表明精密测量激光脉冲的时空精细结构和相位变化信息是许多研究工作的关键。例如，鉴定各种材料的线性和非线性性质时，最基本的方法就是测量激光脉冲经过材料传输前后的相位变化情况。目前，对空间变化特性的直接实时测量已经有商用光电耦合器件，但是对时间和相位变化特性（尤其是飞秒脉冲及以下）的直接实时测量还没有商用仪器，在 1.6 小节将详细描述精密测量宽带激光脉冲时域形状的方法。

1.6　激光脉冲特性的测量方法

激光脉冲的各种特征参数主要包括单脉冲能量、平均功率、光谱、空间光斑形状、时间脉宽和相位等。对于单脉冲能量、平均功率，我们可以直接用能量功率计进行测量；对于光谱，可以直接用光谱仪进行测量，目前已经有商用的从可见光到中红外的光谱仪；对于空间光斑形状，可以直接用光电耦合器件（CCD）进行测量，目前也有商用的从可见光到中红外的 CCD；而对时间脉宽和相位的测量就比较困难，对于皮秒量级以上的脉冲，可以直接用电子仪器进行测量，但目前还没有商用仪器可以直接对超短脉冲（飞秒量级及以下）的时间脉宽进行测量，只能用间接的方法来进行测量。接下来将详细介绍测量激光脉冲时域形状的两种方法：纯电学方法和全光学方法。

1.6.1　纯电学方法

（1）光电二极管

由于光子的能量大于半导体能带间隙，直接的光电效应可以用来显示激光脉冲序列。但是，要在有限的时间内完全清空激光场诱导的自由载流子，这样通常会阻碍测量脉冲包络的真实信息，即使使用有效面积很小、反向电压很高的光电二极管，测量精度也只有几十个皮秒。异质结构（PIN）或雪崩光电二极管可以用来测量高重复率的长脉冲，光电二极管探测激光脉冲的信号可以直接用高带宽的示波器来显示。目前，该测量技术主要用于连续锁模氩激光器，或者重复率为几十个 MHz 的 Nd：YAG 振荡器。最近，一个新型的高速金属—半导体—金属结构（metal-semiconductor-metal，MSM）的光电二极管已经开始商用了，MSM 光电二极管的工作原理跟 PIN 光电二极管是一样的，但是商用的 MSM 探测器的脉冲响应时间小于 10 ps。[114]

（2）高速条纹相机

条纹相机的基本原理：待测的超快光信号先集中在光电阴极，在这里光信号将转换成一系列的电子，然后这些电子穿过一对水平放置的加速电极和电子倍增管后就撞击在荧光屏上，最后在高灵敏度的相机帮助下使屏幕成像。条纹相机的测量过程如下。通过扫描电极的高压扫描和偏转放大待测光脉冲信号，然后得到光脉冲的条纹图像，而条纹图像的长度与脉冲宽度有关，条纹的反差表示光脉冲强度的变化，最后用微密度计读出底片上条纹密度的变化，就可以重现待测光脉冲的时域曲线。条纹相机的时间测量精度与时域形状转换成空域形状有紧密联系，目前商用条纹相机的时间分辨率已经小于 200 fs，X 射线条纹相机的时间分辨率可以达到 1.5 ps，当使用不同材料的光电阴极时，其频谱响应范围可以达到 115 nm ～ 1600 nm。[115-116]

1.6.2　全光学方法

由于光电二极管和条纹相机的测量精度受到限制，只能适用于测量脉宽为几百飞秒及以上的激光脉冲，对于脉宽小于 100 fs 的超短脉冲不适合，所以只能采用其他的方法，如自相关方法、互相关方法、频率分辨光学门法（frequency resolved optical gating，FROG）、光谱相干方法（spectral inetferometry，SI）、光谱相位相干直接电场重构法（spectral phase inerferometry for direct electric-field reconstruction，SPIDER）和泵浦 - 探测（pump-probe）技术等，来测量脉宽很短的激光脉冲的脉宽。

（1）强度自相关方法（Intensity Autocorrelation）

强度自相关根据工作方式可以分为共线自相关和非共线自相关、二阶自相关 [117-119]、三阶自相关和高阶自相关 [120-121]；另外，强度自相关又可以分为无背景测量和有背景测量。二阶强度自相关方法的基本测量原理（如图 1.5 所示）。先将待测光脉冲分为两束，让其中一束通过一个延迟单元，然后再把这两束光脉冲合并，并借助倍频晶体（如 BBO、KDP）或者具有双光子吸收效应的发光介质来产生二阶非线性效应，最后均匀地改变延迟线，即可得到强度变化的二阶自相关信号，该方法的测量实质就是在实验中测量光脉冲的二阶自相关函数。

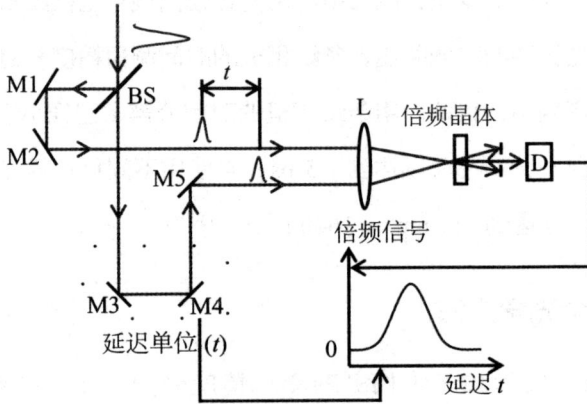

图 1.5　二阶非共线强度自相关示意图

M1 ~ M5——表面镀银的平面反射镜；BS——分束镜；L——透镜；D——探测器

光脉冲信号 $I(t)$ 的二阶强度自相关函数表示为

$$G_2(\tau) = \frac{\int I(t)I(t-\tau)\mathrm{d}t}{\left|\int I^2(t)\mathrm{d}t\right|} \qquad (1.6)$$

由式（1.6）可以看出，无论 $I(t)$ 的形状如何，$G_2(\tau)$ 的形状总是对称的。当待测脉冲 $I(t)$ 的形状对称时，根据测量的 $G_2(\tau)$ 曲线可以直接推断出待测脉冲 $I(t)$ 的形状。当待测脉冲 $I(t)$ 的形状不对称时，就需要更高阶的相关函数（如 $G_3(\tau)$、$G_4(\tau)$ 等）才能确定 $I(t)$ 的形状。数学上表明，如果能够精确地知道 $G_2(\tau)$ 和 $G_3(\tau)$ 的表达式，就可以描述所有激光脉冲高阶强度自相关函数，从而描述激光脉冲本身的时域形状。n 强度阶相关函数可以表示为

$$G_n(\tau_1, \tau_2 \cdots \tau_{n-1}) = \frac{\int I(t)I(t-\tau_1)\cdots I(t-\tau_{n-1})\mathrm{d}t}{\left|\int I^n(t)\mathrm{d}t\right|} \qquad (1.7)$$

我们利用强度自相关方法在实验中获得了自相关曲线，假定该曲线的半高全宽（FWHM）为 $\Delta\tau$，然后选择一个实际的脉冲形状跟实验记录的自相关曲线进行比较，以逼近法来确定光脉冲的形状并获得待测脉冲的脉宽 Δt（半高全宽）。所以，采用强度自相关法来测量脉冲形状时，必须先假设待测脉冲

的形状，如高斯型、双曲正割型、矩型、单边指数型、双边指数型和洛伦兹型等。待测光脉冲的脉宽 Δt、谱宽 Δv 与对应的自相曲线的半高全宽 $\Delta \tau$ 存在一定的关系，如表 1.2 所示。[122-123]

表 1.2 待测脉冲时域形状与相应的自相关曲线之间关系

$I(t)$	$\Delta t \cdot \Delta v$	$G_2(\tau)$	$\Delta \tau / \Delta t$
高斯型	0.441	高斯型	1.414
双曲正割型	0.315	近似双曲正割型	1.543
方型	0.886	等腰三角型	1.000
单边指数型	0.110	$e^{-a|\tau|}$ 型	2.000
洛伦兹型	0.110	洛伦兹型	2.000
$\dfrac{1}{e^{t/(t-A)}+e^{-t/(t-A)}}$，$A=1/4$	0.307	$\dfrac{1}{\cosh^3(8\tau/15)}$	1.554
$\dfrac{1}{e^{t/(t-A)}+e^{-t/(t-A)}}$，$A=1/2$	0.279	$\dfrac{3\sinh(8\tau/3)-8\tau}{4\sinh^3(4\tau/3)}$	1.549
$\dfrac{1}{e^{t/(t-A)}+e^{-t/(t-A)}}$，$A=3/4$	0.222	$\dfrac{2\cosh(16\tau/7)+3}{5\cosh^3(8\tau/7)}$	1.570

（2）单次自相关方法（single shot autocorrelation，SSA）

单次自相关测量飞秒脉冲脉宽过程跟强度自相关非常类似。SSA 是将基频光的时间脉宽测量与倍频光的空间分布紧密联系在一起，其测量本质就是将时间的测量转换成空间的测量，其测量基本原理和实验装置如图 1.6 所示。[124-126]

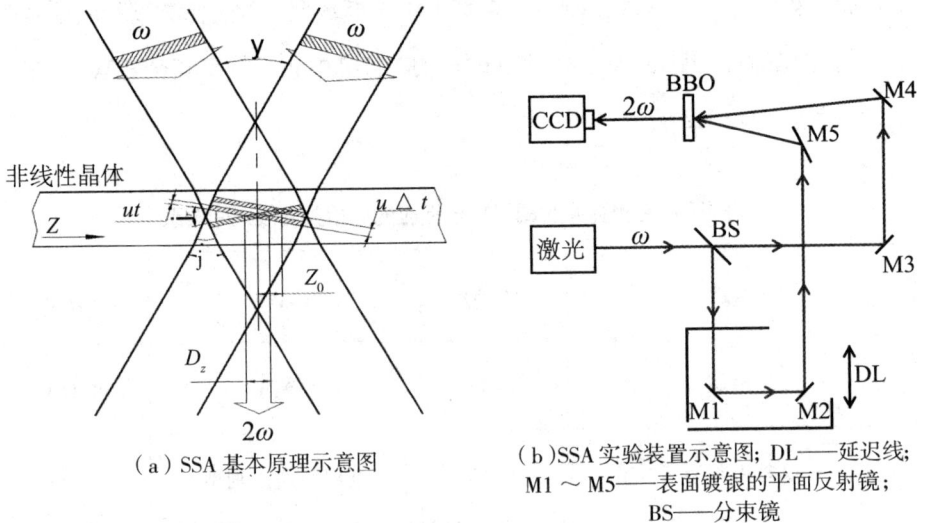

（a）SSA 基本原理示意图

（b）SSA 实验装置示意图；DL——延迟线；
M1 ～ M5——表面镀银的平面反射镜；
BS——分束镜

图 1.6　SSA 测量基本原理和实验装置图

假设入射到非线性晶体中的基频光的时域形状是矩型分布，并且其空间强度分布是均匀的。由图 1.6（a）的简单几何关系，可得基频光的时间脉宽 T 跟倍频光的空间截面 D_z 的关系式：

$$D_z = \frac{u \cdot T}{\sin(\varphi/2)} \tag{1.8}$$

其中，u 表示基频光在非线性晶体中的光速；φ 表示两路基频光在非线性晶体中的夹角；D_z 表示倍频光直径（半高全宽）。当其中一路基频光产生延迟 Δt 时，倍频光的中心位置就会发生移动，其移动的距离 Z_0 为

$$Z_0 = \frac{u \cdot \Delta t}{2\sin(\varphi/2)} \tag{1.9}$$

联立式（1.8）和（1.9）可得基频光脉宽 T 的表示式：

$$T = \frac{D_z \cdot \Delta t}{2Z_0} \tag{1.10}$$

式（1.10）要成立必须满足 $n \cdot u \cdot T \ll D \cdot \tan(\psi/2)$，其中，$n$ 表示非线性晶体的折射率，D 表示基频光的直径（半高全宽），ψ 表示两路基频光出射非

线性晶体后的夹角，所以只要测量 D_z 、Δt 和 Z_0 三个参量就可以确定初始基频光是时间脉宽。如果初始基频光的脉冲形状为高斯型或者双曲正割型时，式（1.10）就要修正为

$$（高斯型）\ T = \frac{D_z \cdot \Delta t}{\sqrt{2} Z_0}；（双曲正割型）\ T = \frac{D_z \cdot \Delta t}{1.543 Z_0} \tag{1.11}$$

由式（1.10）和（1.11）可知，要直接测量 Δt 和 Z_0 是比较困难的，我们借助光学延迟线（delay line，DL）就可以克服直接测量 Δt 和 Z_0 带来的麻烦，如图 1.6（b）所示。当 DL 从 L_1 的位置平移到 L_2 时，则倍频光的中心位置由相应的 Z_{01} 移动到 Z_{02}，于是延迟 Δt 可以写成 $\Delta t = 2(L_1 - L_2)/c$，其中，$c$ 表示真空中的光速，倍频光中心位置的移动距离 Z_0 可以写成 $Z_0 = Z_{01} - Z_{02}$，将 Δt 和 Z_0 的表达式代入式（1.11）可得待测脉冲的脉宽公式：

$$（高斯型）\ T = \frac{\sqrt{2} D_z \cdot (L_1 - L_2)}{(Z_{01} - Z_{02}) \cdot c}；（双曲正割型）\ T = \frac{2 D_z \cdot (L_1 - L_2)}{1.543 (Z_{01} - Z_{02}) \cdot c} \tag{1.12}$$

由上面的描述可知，SSA 实验装置和测量过程都比较简单，是一种比较常用测量脉冲宽度的方法，目前已经有商用的单次自相关仪。

（3）相干自相关方法（interferometric autocorrelation）

传统的相干自相关方法一般是采用迈克尔干涉仪结构，由分束镜将待测脉冲分成两个光脉冲，然后通过扫描延时和非线性频率转换来获得脉冲宽度信息。假设待测光脉冲的电场为 $E(t)$，利用分束镜将待测脉冲分成两路，其中一路经过延迟 τ（$E(t+\tau)$）后再与另一路光脉冲 $E(t)$ 共线相干叠加，则叠加后的场强如下 [123]：

$$S_{\text{linear interfer AC}}(\tau) = \int_{-\infty}^{+\infty} \left[E(t) + E(t+\tau) \right]^2 \mathrm{d}t \tag{1.13}$$

然后让叠加后的场强经过一块非线性倍频晶体（如 BBO、KDP），由于倍频信号的光强与基频光强的平方成正比，于是可以得到倍频信号的场强为

$$S_{\text{quadratic interfer AC}}(\tau) = \int_{-\infty}^{+\infty} \left\{ \left[E(t) + E(t+\tau) \right]^2 \right\}^2 \mathrm{d}t \tag{1.14}$$

23

待测光脉冲的电场复振幅可以表示为 $E(t) = f(t)\exp\{i[\omega t - \varphi(t)]\}$，其中 $f(t)$、ω 和 $\varphi(t)$ 分别是脉冲的振幅包络、中心圆频率和时域相位，$\varphi(t) \equiv 0$ 对应于转换极限脉冲，将 $E(t)$ 代入方程（1.14）可得相干自相关信号为

$$S_{\text{quadratic interfer AC}}(\tau) = S_{f0}(\tau) + \left[S_{f1}(\tau)\cos(\omega\tau) + S_{f2}(\tau)\sin(\omega\tau)\right] \\ + \left[S_{f3}(\tau)\cos(2\omega\tau) + S_{f4}(\tau)\sin 2(\omega\tau)\right] \tag{1.15}$$

其中

$$S_{f0}(\tau) = \int_{-\infty}^{+\infty} dt\left\{f(t)^4 + f(t-\tau)^4 + 4f(t)^2 f(t-\tau)^2\right\}$$

$$S_{f1}(\tau) = 4\int_{-\infty}^{+\infty} dt\left\{f(t)f(t-\tau)\left[f(t)^2 + f(t-\tau)^2\right]\cos\left[\varphi(t) - \varphi(t-\tau)\right]\right\}$$

$$S_{f2}(\tau) = 4\int_{-\infty}^{+\infty} dt\left\{f(t)f(t-\tau)\left[f(t)^2 + f(t-\tau)^2\right]\sin\left[\varphi(t) - \varphi(t-\tau)\right]\right\} \tag{1.16}$$

$$S_{f3}(\tau) = 2\int_{-\infty}^{+\infty} dt\left\{f(t)^2 f(t-\tau)^2 \cos\left[2\varphi(t) - 2\varphi(t-\tau)\right]\right\}$$

$$S_{f4}(\tau) = 2\int_{-\infty}^{+\infty} dt\left\{f(t)^2 f(t-\tau)^2 \sin\left[2\varphi(t) - 2\varphi(t-\tau)\right]\right\}$$

由式（1.15）和（1.16）可知，相干自相关信号不仅包含了待测脉冲时域波形信息，还包含了待测脉冲的相位信息，但由于二阶非线性效应所得到的自相关信号总是对称分布的，所以不能直接从该信号提取准确的相位信息。由于传统的相干自相关方法要使用分束镜将待测脉冲进行分束，当脉冲的脉宽越短或者带宽越宽时，分束镜引入的色散将对测量结果造成很大的影响，因此传统的相干自相关方法不适用于测量很短的超短脉冲。后来，Mashiko 等人[127-128]提出一种全反射相干自相关方法，该方法消除了分束镜的限制，非常适于测量带宽比较宽的超短脉冲。[129-130]

（4）强度互相关方法（intensity cross-correlation）

如果已知一个光脉冲的场分布为 $I_1(t)$（探测脉冲），利用强度互相关的方法并借助能产生二阶非线性效应（和频、差频）的晶体就可以测量待测脉冲 $I_2(t)$ 的脉宽，两个脉冲产生的互相关信号可以表示为[123]

$$S_{\text{int CC}}(\tau) = \int_{-\infty}^{+\infty} I_1(t) I_2(t+\tau) \mathrm{d}t = I_1(\tau) \cdot I_2(\tau) \tag{1.17}$$

当脉冲形状为高斯型时，两个光脉冲的脉宽 Δt_1 和 Δt_2 与互相关信号的半高全宽 $\Delta t_{\text{int CC}}$ 存在如下关系 $\Delta t_{\text{int CC}}^2 = \Delta t_1^2 + \Delta t_2^2$。由于 Δt_1 已知，只要在实验中测量出 $\Delta t_{\text{int CC}}$ 就可获得待测脉冲的脉宽。当 $I_1(t)$ 和 $I_2(t)$ 产生 $(n+1)$ 和 $(m+1)$ 阶非线性光学过程时，对于高斯型脉冲，Δt_1 和 Δt_2 与 $\Delta t_{\text{int CC}}$ 之间的关系为 $\Delta t_{\text{higher-order int CC}}^2 = \Delta t_1^2/n + \Delta t_2^2/m$。由方程（1.17）可知，在使用强度互相关方法测脉冲宽度时，当探测光 $I_1(t)$ 的脉宽越短时，测量精度就越高，如当 $I_1(t)$ 为一个冲激信号时（$I_1(t) = \delta(t)$），我们可得互相关信号 $S_{\text{int CC}}(\tau) = \delta(\tau) \cdot I_2(\tau) \equiv I_2(\tau)$，即互相关信号就是待测脉冲本身。

（5）频率分辨光学门方法（frequency resolved optical gating，FROG）

1993 年，Kane 和 Trebino 等人[131]首次提出了 FROG 方法，该方法就在自相关方法的基础上引入迭代算法，通过对自相信号进行迭代运算。FROG 的基本原理就是测量光谱分辨的自相关函数，然后用迭代算法从光谱图中还原待测超短脉冲的电场分布，从而获得待测脉冲的脉冲宽度和相位信息，FROG 迭代算法基本流程图如图 1.7 所示。

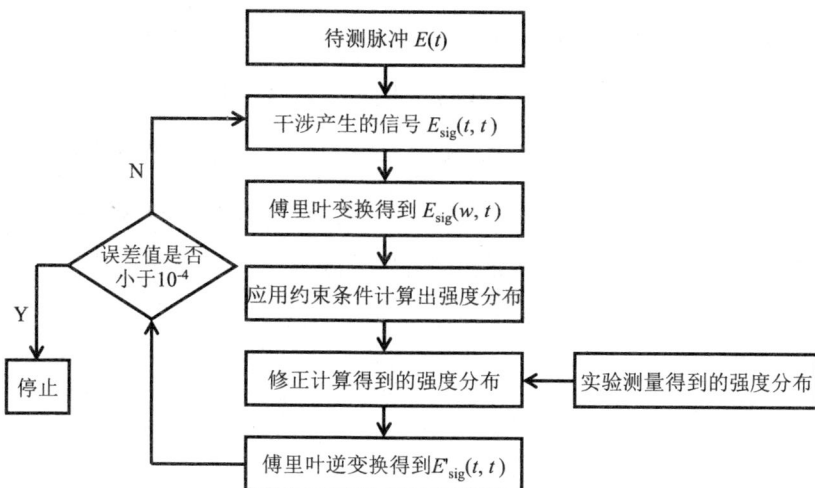

图 1.7　FROG 迭代算法基本流程图

由图 1.7 可知，整个算法中有两个重要的约束条件：①通过干涉产生信号光 $E_{sig}(t,\tau)=KE(t)g(t-\tau)$，其中 $g(t-\tau)$ 为开关函数；②对产生的信号 $E_{sig}(t,\tau)$ 做傅里叶变换，$I_{FROG}(\omega,t)=\left|\int_{-\infty}^{+\infty}E_{sig}(t,\tau)e^{i\omega t}dt\right|^2$。由 $I_{FROG}(\omega,t)$ 的表达式可知，它是一个与时域和频率都有关联的二元函数，对这个结果进行迭代运算就可以获得待测脉冲的脉宽和光谱信息。对待测脉冲的相位进行迭代运算时，先假设待测脉冲电场 $E(t)$ 的分布形式（如高斯型或者双曲正割型等），并计算出强度分布 $I_{FROG}(\omega,t)$，然后将计算的 $I_{FROG}(\omega,t)$ 与实验测量的强度分布 $I(\omega,t)$ 进行比较，并修正计算得出的强度分布结果 $I_{FROG}(\omega,t)$，最后将修正后的 $I_{FROG}(\omega,t)$ 进行傅里叶逆变换得到一个新的电场 $E'(t)$，完成一次迭代运算，在迭代运算过程中傅里叶变换得到的实部为光强，虚部为相位。将新得到的电场 $E'(t)$ 代入 $I_{FROG}(\omega,t)=\left|\int_{-\infty}^{+\infty}E_{sig}(t,\tau)e^{i\omega t}dt\right|^2$ 进行反复计算，直到计算所得到的光强分布 $I_{FROG}(\omega,t)$ 与实验测量的光强分布 $I(\omega,t)$ 之间的均方根误差达到可以接受的范围之内（$<10^{-4}$），经过如此反复的迭代运算就可以得到一个与待测脉冲非常接近的电场分布。

1998 年，FROG 首次用于实验测量超短脉冲信息，由于 FROG 的迭代算法耗时比较长，而当时计算机 CPU 的处理速度比较慢，所以 FROG 不能进行实时测量。随着计算机 CPU 处理器的快速发展，FROG 在实际的测量中非常好用并且能够进行实验测量，FROG 根据光学开关的结构不同可以有多种形式 [123][132-133]，如偏振开关型、自衍射型、瞬时开关型、三次谐波型和二次谐波型，表 1.3 给出了不同形式的 FROG 之间的比较。其中，WP 表示波片；P 表示偏振器；D 表示由光谱仪和相机组成的探测器。

表1.3 不同结构的FROG之间比较

FROG名称	偏振开关型	自衍射型	瞬时开关型	三次谐波型	二次谐波型
非线性效应	$c^{(3)}$	$c^{(3)}$	$c^{(3)}$	$c^{(3)}$	$c^{(2)}$
灵敏性（单次）（μJ）	≈ 1	≈ 10	≈ 0.1	≈ 0.03	≈ 0.01
灵敏性（多次）（μJ）	≈ 100	$\approx 1\,000$	≈ 10	≈ 3	≈ 0.001
优点	测量结果直观；自动位相匹配	测量结果直观；可用紫外波段	测量结果直观；可用于紫外波段；灵敏性好	灵敏性好；大带宽	灵敏性非常好
缺点	需要偏振器	需要很薄的介质；位相不匹配	需要三路光	测量结果不直观；非常短的波长信号	测量结果不直观；短的波长信号
基本结构示意图					

27

（6）光谱相干方法（spectral inetferometry，SI）和光谱相位相干直接电场重构方法（spectral phase inerferometry for direct electric-field reconstruction，SPIDER）

1973 年，Froehley 等人[134]提出光谱相干方法来测量脉冲的相位和振幅特性，该方法也叫作频率相干或者傅里叶变换光谱相干。[135-137]当待测脉冲与参考脉冲 $E_{ref}(t)$ 产生相干时，其中 $E(t)$ 产生一个延迟 t，相干后场的傅里叶变换为

$$
\begin{aligned}
S_{SI}(t) &\propto \left| FT\left\{ E_{ref}(t) + E(t-\tau) \right\} \right|^2 \\
&= I_{ref}(\omega) + I(\omega) + 2\sqrt{I_{ref}(\omega)I(\omega)} \times \cos\left[\varphi_{ref}(\omega) - \varphi(\omega) - \omega\tau \right]
\end{aligned} \tag{1.18}
$$

式中的相位差为 $\Delta\varphi(\omega) = \varphi_{ref}(\omega) - \varphi(\omega)$。当参考脉冲的相位已知时，将实验测量得到的相位差减去参考相位就可以得到待测脉冲的相位。当参考脉冲的相位未知时，可以用所谓的自参考光谱相干法，即用待测脉冲自己的相位来定标。常用的自参考相干法有两种：①快速检测器自参考光谱相干法；②慢速检测器自参考光谱相干法。典型的自参考光谱相干方法就是将待测光脉冲经过迈克尔逊干涉仪装置，其中一路光脉冲作为参考光，然后与待测光脉冲相干叠加，由于参考脉冲和待测脉冲来源于同一个光源，其谱相位差 $\Delta\varphi(\omega) = \varphi_{ref}(\omega) - \varphi(\omega) = 0$，所以无法得到脉冲的谱相位。如果让其中一路光脉冲引入一个已知的固定频移，该方法就能够测量待测脉冲的谱相位信息，因此关键是如何引入这个频移而不影响待测脉冲的相位，后来有人提出使用光谱侧切的方法来解决这个问题。早期有人提出使用频率调制的方法来解决频移的问题，但是当时现有的调制技术的谱宽还不足以覆盖超短脉冲的频谱、制造出足以测量超短脉冲的频移。1998 年，Iaconis 和 Walmsley 等人[138-139]提出用非线性介质可以做出能够覆盖整个超短脉冲频谱的频移方法，并通过实验验证了该方法的正确性。所以，光谱相位相干直接电场重构法[140-143]就是光谱侧切和自参考光谱相干法的结合，而 SPIDER 的精妙之处就是引入了光谱侧切相干，将时域干涉转换为频谱干涉。在 SPIDER 实验测量过程中，假设待测脉冲经过

分束镜侧分后的两路光的中心频率分别为 ω_c 和 $(\omega_c - \Omega)$ ，则光谱仪实际测量的信号形式为

$$S_{\text{SPIDER}}(\omega, \tau) = S_{\text{dc}}(\omega_c) + S_{\text{ac}}(\omega_c)\text{e}^{\text{i}\omega_c\tau} + S_{\text{-ac}}(\omega_c)\text{e}^{-\text{i}\omega_c\tau}$$

$$S_{\text{dc}}(\omega_c) = \left|\tilde{E}(\omega_c - \Omega)\right|^2 + \left|\tilde{E}(\omega_c)\right|^2 \tag{1.19}$$

$$S_{\text{ac}}(\omega_c) = \left|\tilde{E}(\omega_c - \Omega)\tilde{E}(\omega_c)\right| \times \exp\{-\text{i}[\varphi(\omega_c - \Omega) - \varphi(\omega_c)]\}$$

$$S_{\text{-ac}}(\omega_c) = \left|\tilde{E}(\omega_c - \Omega)\tilde{E}(\omega_c)\right| \times \exp\{\text{i}[\varphi(\omega_c - \Omega) - \varphi(\omega_c)]\}$$

其中，$\tilde{E}$ 表示傅里叶变换。

由交流量 S_{ac} 和 $S_{\text{-ac}}$ 的表达式可以看出，这两项含有相位信息，而直流量 S_{dc} 项中不含任何相位信息，于是我们可以使用还原相位的方法来测量待测脉冲的相位信息，即把交流量 S_{ac} 和 $S_{\text{-ac}}$ 分离出来，然后再求出相位差，SPIDER 的还原算法基本流程图如图 1.8 所示。由图 1.8 可知，SPIDER 还原相位算法主要有三个步骤：①利用傅里叶变换和滤波技术从光谱干涉信号 S_{SPIDER} 中把交流量 S_{ac} 和 $S_{\text{-ac}}$ 分离出来，即 $\varphi(\omega_c - \Omega) - \varphi(\omega_c) + \omega_c\tau$；②把交流部分的快变项 $\omega_c\tau$ 减掉后就可以得到 $\varphi(\omega_c - \Omega) - \varphi(\omega_c)$；③用相位级联或者积分的方法还原待测脉冲的相位信息。

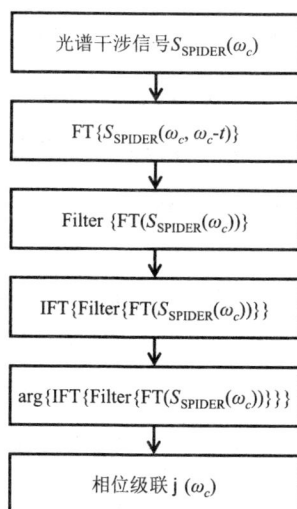

图 1.8 SPIDER 还原算法基本流程图

（7）泵浦 - 探测技术（pump-probe）

近年来，随着超短脉冲激光技术的发展，泵浦 - 探测（pump-probe）技术[144, 145]开始被应用于激光脉冲的测量和控制，可以用于测量原子和分子的化学反应过程中的超快时间变化过程。基于克尔效应的泵浦 - 探测技术已经比较广泛地用于介质弛豫效应等特性的测量[146]，而啁啾脉冲技术也可以更好地利用于泵浦 - 探测技术来精密测量脉冲时域波形和光谱信息，它主要利用魏格纳光谱图（wigner spectrogram，WS）同时得到光谱和时域分布信息。[147]

光脉冲电场 $E(t)$ 的魏格纳光谱定义为

$$W(\omega,t) = \int_{-\infty}^{+\infty} E\cdot\left(t - \frac{\tau}{2}\right) E\left(t + \frac{\tau}{2}\right) \mathrm{e}^{\mathrm{i}\omega\tau} \mathrm{d}\tau \qquad (1.20)$$

或者用频率积分来表示：

$$W(\omega,t) = \int_{-\infty}^{+\infty} \tilde{E}\cdot\left(t - \frac{\Omega}{2}\right) \tilde{E}\left(t + \frac{\Omega}{2}\right) \mathrm{e}^{-\mathrm{i}\omega t} \mathrm{d}\Omega \qquad (1.21)$$

式（1.20）和（1.21）是等价的。其中，$\tilde{E}(\omega) = \int_{-\infty}^{+\infty} E(t)\mathrm{e}^{\mathrm{i}\omega t}\mathrm{d}t$ 表示 $E(t)$ 的傅里叶变换。傅里叶变换极限脉冲的魏格纳光谱（WS）和啁啾脉冲的魏格纳光谱（WS）之间存在密切的关联，$W_{\text{chirped}}(\omega,t) = W_{\text{TL}}(\omega,t - D\omega)$，其中 W_{TL} 表示变换极限脉冲的 WS，D 表示群速度色散。当一个啁啾高斯脉冲的群速度色散值为 β 时，其频域形式可以表示为 $\tilde{E}(\omega) = \exp\left[-\left(T_0/2\sqrt{2\ln 2}\right)^2(\omega - \omega_0)^2 + \mathrm{i}\beta(\omega - \omega_0)^2/2\right]$，将该式代入式（1.21）中即可得到归一化后的魏格纳分布函数：

$$W(\omega,t) = \exp\left[-\frac{4\ln 2}{T_0^2}\left(t^2 - 2\beta\omega t + \frac{T_0^4/4(\ln 2)^2 + 4\beta^2}{4}\omega^2\right)\right] \qquad (1.22)$$

图 1.9 表示群速度色散系数为 360 fs²，脉宽为 30 fs 的啁啾高斯脉冲的魏格纳光谱图。借助魏格纳光谱图，我们就可以分析不同种类的啁啾脉冲的时域—频域变化过程。在泵浦 - 探测测量过程中，通过控制脉宽、波长和延迟等来提高时间测量精度，其测量精度可以提高到阿秒[148][149]。

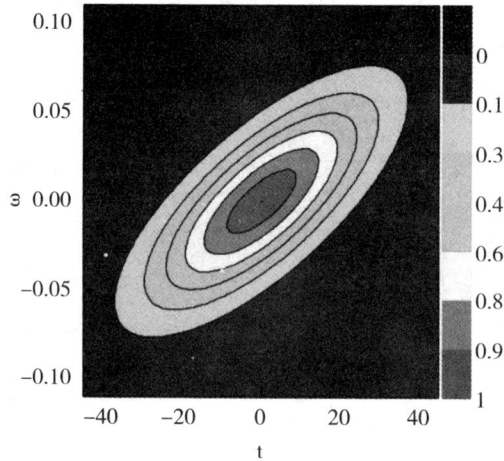

图 1.9　啁啾高斯脉冲的魏格纳光谱分布图

以上详细地介绍了测量脉冲时间和相位信息的各种方法，这些测量方法各有自己的优缺点。如自相关法原理简单、操作方便、不需要进行复杂的计算，但它只适用于测量脉冲宽度信息，在测量过程中还需要假定待测脉冲的形状，虽然相干自相关法能够提供一些相位信息，但也不能直接给出准确的相位信息。强度互相关法的操作原理也简单方便，但它只适用于测量脉冲宽度信息，而且测量精度跟探测脉冲的脉宽有很大的关联，探测脉冲脉宽越短，测量精度就越高。FROG 和 SPIDER 方法非常适用于测量脉宽很短（<10 fs）的超短脉冲，这两种方法还能够精确地测量出待测脉冲的相位信息，这两种方法的计算过程比较复杂。FROG 需要复杂的迭代算法，而且该算法的耗时也比较长，随着计算机 CPU 的处理速度快速提升，FROG 现在能够进行实时测量了，但是它也只能够给出比较近似的脉冲信息，而不能进行真实的描述。SPIDER 不需要复杂的迭代算法，运算速度也很快，能够进行实时测量，它可以给出真实的相位信息，但是不能直接给出脉冲宽度信息，它需要将测量出的光谱和相位结果相乘，然后对乘积结果作傅里叶逆变换来重构脉冲的时域形状，通过脉

冲的时域形状就可以得到脉宽信息。泵浦 - 探测技术的实验方案不是很复杂，它非常适合用于测量原子和分子的超快化学反应，同时它可以用于探测激光脉冲在非线性介质传输过程中的时间变化过程。

在第 4 章中，基于强度互相关原理，提出一种精密测量皮秒激光脉冲非线性传输过程中的时空演化特性方法，并利用该方法测量了皮秒激光脉冲的初始时域精细结构，以及经过非线性介质传输后的时空演化特性 [150][151]。在第 5 章中，借鉴单次自相关、互相关和泵浦 - 探测技术，提出一种精密测量超短激光脉冲非线性传输过程中不同空间位置的时间脉宽演化特性方法，并利用该方法测量了超短激光脉冲小尺度自聚焦过程中的时空演化特性 [152-154]。

1.7 本章小结

本章首先简要地介绍了宽带激光脉冲的一些基本概念和宽带激光脉冲的研究现状，然后描述了宽带激光脉冲的非线性传输特性，重点描述了宽带激光脉冲在整体自聚焦和小尺度自聚焦过程中的时空演化规律，最后介绍了精密测量宽带激光脉冲时空特性的方法，并详细地描述了精密测量宽带激光脉冲时域变化特性的方法。本书的相关实验研究工作是基于 Ti:sapphire 飞秒激光系统和 Nd:YLF 皮秒激光系统的。本书的主要章节安排如下。

在第 2 章中，给出了激光脉冲的传输方程，其中包括广义（3+1）维非线性 Schrödinger 方程、宽带激光脉冲传输方程和大啁啾脉冲传输方程，然后介绍了求解这三种方程的一些基本方法。

在第 3 章中，理论上研究广义（3+1）维非线性薛定谔方程的解析解的时空传输特性，并获得了解析解在各种不同参数条件下的时空演化规律。

在第 4 章中，通过实验研究了皮秒激光脉冲非线性传输过程中的时空演化特性，并精密测量了其时域精细结构以及传输过程中的时间演化规律。

在第 5 章中，通过实验研究了小尺度自聚焦过程中飞秒激光脉冲的时空演化特性，并精密测量了不同空间位置的时间脉宽演化过程。

最后，给出本书的工作总结。

第 2 章　宽带激光脉冲非线性传输的基础理论

2.1 引言

激光脉冲在非线性介质的传输过程中会产生线性效应和许多非线性效应，主要包括衍射效应、空间非线性效应（如自聚焦、自散焦等）、时间非线性效应（如自相位调制、自陡峭、自压缩等），以及时空耦合等非线性效应。一些时空非线性效应在实验中不容易测量，所以我们先要建立激光脉冲的传输方程并在理论上把这些非线性效应研究清楚。当入射到非线性介质的激光脉冲的参数（如脉宽、啁啾等）不同时，其传输方程就会有很大区别，所以针对不同的激光脉冲就要建立不同的传输方程，这样就有利于更加精确地描述激光脉冲的非线性传输过程。本章给出三种传输方程：广义（3+1）维非线性薛定谔方程（generalized (3+1)-dimensional nonlinear Schrödinger, (3+1)-D GNLSE）、宽带激光脉冲传输方程和大啁啾脉冲传输方程，并介绍了分析求解这三种方程的一些基本方法。

2.2 激光脉冲传输的理论模型

同所有的电磁现象一样，光脉冲在介质中的传输时也服从麦克斯韦（Maxwell）方程组，当介质中不存在电流密度和自由电荷时，Maxwell 方程组的形式表示为 [56,155]：

$$\nabla \times \boldsymbol{E} = -\frac{\partial \boldsymbol{B}}{\partial t} \tag{2.1}$$

$$\nabla \times \boldsymbol{H} = -\frac{\partial \boldsymbol{D}}{\partial t} \tag{2.2}$$

$$\nabla \times \vec{\boldsymbol{D}} = 0 \tag{2.3}$$

$$\nabla \times \boldsymbol{B} = 0 \tag{2.4}$$

其中，$\boldsymbol{E}$ 和 $\boldsymbol{H}$ 分别为电场强度矢量和磁场强度矢量；$\boldsymbol{D}$ 和 $\boldsymbol{B}$ 分别为电位移矢量和磁感应强度矢量；$\boldsymbol{D} = \varepsilon_0 \boldsymbol{E} + \boldsymbol{P}$，$\boldsymbol{P} = \boldsymbol{P}_\mathrm{L} + \boldsymbol{P}_\mathrm{NL}$，$\boldsymbol{P}_\mathrm{NL}$ 为电极化强度 $\boldsymbol{P}$ 的非线性部分。虽然 Maxwell 方程组（2.1）～（2.4）是很普遍的形式，但是无论是解析求解还是数值求解都非常困难。因此，需要对 Maxwell 方程组做一些适当的近似来简化该方程组。在自聚焦过程中的时空演化问题中，对方程（2.1）和（2.2）两个式子消去磁场，同时可以考虑下面的四个近似假设条件。

第一，假设入射激光光束是线偏振光（x 方向偏振），光束即在 Kerr 介质的输入处有 $\boldsymbol{E} = \hat{e}_x$，并假设光是沿 z 轴的正方向传播的。同时，假定光场沿介质方向（$z > 0$）的偏振态不变。

第二，标量近似。由于已经假定了光场沿介质方向的偏振态不变，因而其标量近似有效。

第三，慢变包络近似。对准单色场来说，对脉冲中心频率为 ω_0 的频谱，其谱宽为 $\Delta\omega$，且 $\Delta\omega/\omega_0 << 1$。在慢变包络近似下，光场可以用复数表示并分离光场的慢变部分（光脉冲包络）和快变部分（光频振荡）。

第四，旁轴近似。由于光场的包络在大多数情况下是空间 z 的慢变函数，因此可以忽略光场对 z 的二阶偏导数。

经过上述四个近似简化计算后，可以得到比较复杂的（3+1）维脉冲传输方程：

$$\frac{\partial A}{\partial z} + \frac{\alpha}{2} A - \mathrm{i} \frac{1}{2k_0} \nabla_\perp^2 A - \mathrm{i} \sum_{k \geq 1} \frac{\mathrm{i}^k \beta_k}{k!} \frac{\partial^k A}{\partial t^k} = \mathrm{i}\gamma \left(1 + \frac{\mathrm{i}}{\omega_0} \frac{\partial}{\partial t}\right) \left[A(z,t) \int_{-\infty}^{\infty} R(t') \left| A(z, t-t') \right|^2 \mathrm{d}t' \right]$$

$$\tag{2.5}$$

其中，ω_0 是脉冲的中心波长；含 $\beta_k(z)$ 的项为色散项（k 表示色散阶数）；方程（2.5）中的响应函数 $R(t)$ 应包含电学的和振动的（拉曼）响应。一般假设电学的影响是瞬时的，则 $R(t)$ 的函数形式可写成 [56]：

$$R(t) = (1 - f_R)\delta(t) + f_R h_R(t) \tag{2.6}$$

式中，f_R 表示延时拉曼响应对非线性极化 P_{NL} 的贡献。拉曼响应函数 $h_R(t)$ 表达式可写成 [56]：

$$h_R(t) = \frac{\tau_1^2 + \tau_2^2}{\tau_1 \tau_2^2} \exp\left(-t/\tau_2\right) \sin\left(t/\tau_1\right) \tag{2.7}$$

当输入的激光脉冲的脉宽大于 5 ps 时，同时忽略损耗（或者增益）、高阶色散和高阶非线性效应，则方程（2.5）可以简化成一个比较简单的（3+1）维脉冲传输方程：

$$\frac{\partial A}{\partial z} = i\frac{1}{2k_0}\nabla_\perp^2 A - i\frac{\beta_2}{2}\frac{\partial^2 A}{\partial t^2} + i\gamma \mid A \mid^2 A \tag{2.8}$$

其中，A 表示光场的复包络；$t = t' - z/v_g$ 和 $z = z'$ 分别表示是以群速度 v_g 运动的移动坐标系中的时间和传输距离；$\nabla_\perp^2 = \partial_x^2 + \partial_y^2$ 为横向空间拉普拉斯算符；$\beta_2 = \left[\mathrm{d}^2 k(\omega)/\mathrm{d}\omega^2\right]_{\omega=\omega_0}$ 为群速度色散系数；$k(\omega) = n(\omega)\omega/c$ 表示复传输常数；$\gamma = k_0 n_2/n_0$ 为非线性系数；，$k_0 = 2\pi n_0/\lambda_0$ 表示传输常数；n_0 和 n_2 分别表示介质的线性折射率和非线性折射率；λ_0 表示中心波长。方程（2.8）右边的第一、二、三项分别表示为衍射项、群速度色散项和非线性项。

2.2.1　广义（3+1）维非线性薛定谔方程

当衍射系数、色散系数和非线性系数不再是一个恒定的常数时，即这三个系数可以是常数也可以是跟传输距离 ξ 有关的函数，则带有分布系数的广义（3+1）维非线性薛定谔方程表示为 [156-158]

$$i\frac{\partial A}{\partial z} = -\frac{k(z)}{2}\left(\frac{\partial^2 A}{\partial x^2} + \frac{\partial^2 A}{\partial y^2}\right) + \frac{\beta(z)}{2}\frac{\partial^2 A}{\partial t^2} - \gamma(z)\mid A \mid^2 A \tag{2.9}$$

其中，$A(z,x,y,t)$ 表示电场的复包络；t 和 z 分别表示是以群速度 v_g 运动的移动坐标系中的时间和传输距离；x 和 y 分别表示横向空间平面坐标；$k(z)$、$\beta(z)$ 和 $\gamma(z)$ 分别表示衍射系数、色散系数和非线性系数。在第 3 章，我们将研究如何解析求解方程（2.9），并详细讨论该方程解析解的时空传输特性。

2.2.2 宽带激光脉冲传输方程

当入射到非线性介质中的激光脉冲的脉宽非常短（宽带激光脉冲）时，高阶色散和高阶非线性效应就变得越来越重要，因此在描述宽带激光脉冲的非线性传输时就必须包含各种效应，Brabec 等人[69-70]利用慢演化包络近似推导出一个可以描述单周脉冲的传输方程：

$$\frac{\partial A}{\partial z} = -\frac{\alpha_0}{2}A + i\frac{1}{2k_0}\frac{1}{\left(1+\sigma i\frac{1}{\omega_0}\frac{\partial}{\partial t}\right)}\nabla_\perp^2 A + i\hat{D}A$$

$$+i\gamma\left(1+i\frac{1}{\omega_0}\frac{\partial}{\partial t}\right)\left[(1-\alpha)|A(t)|^2 + \alpha\int_{-\infty}^t f(t-\tau)|A(\tau)|^2\right]A(t)$$

(2.10)

在方程（2.10）中也引入了跟方程（2.8）一样的移动坐标系，即有 $t = t'-z/v_g$ 和 $z = z'$。

其中，$\hat{D} = -\frac{\alpha_1}{2}\partial_t + \sum_{m=2}^\infty \frac{k_m + i\alpha_m/2}{m!}(i\partial_t)^m$；$\alpha_m = \text{Im}\left[\left(\partial^m k(\omega)/\partial\omega^m\right)_{\omega=\omega_0}\right]/2$；$k_m = \text{Re}\left[\left(\partial^m k(\omega)/\partial\omega^m\right)_{\omega=\omega_0}\right]/2$，$k(\omega)$ 在中心频率 ω_0 处利用泰勒级数展开可得到 $k(\omega) = k_0 + \sum_{m=2}^\infty \frac{k_i}{m!}(\omega-\omega_0)^m$；$k_i = \left(\frac{\partial^m k}{\partial\omega^m}\right)_{\omega=\omega_0}$ 表示各阶色散系数；$f(t)$ 表示拉曼响应函数；$\left(1+\sigma\frac{i}{\omega_0}\frac{\partial}{\partial t}\right)^{-1}$ 表示时空聚焦效应，其中，σ 表示自聚焦符号，它可以取±1两个值，$\sigma=1$ 表示自聚焦，$\sigma=-1$ 表示自散焦，$\left(1+\frac{i}{\omega_0}\frac{\partial}{\partial t}\right)$ 表示自陡峭效应。方程（2.10）右边各项分别表示衰减、衍射、群速度色散和非线性效应。在推导方程（2.10）时，必须满足条件 $|\partial_z A| \ll k_0 A$ 和 $|\partial_t A| \ll \omega_0 A$ 或者 $|k_0 - \omega_0 k_1/k_0| \ll 1$。

2.2.3 大啁啾激光脉冲传输方程

假设入射到非线性介质的脉冲带有初始线性啁啾，且具有如下形式：

$$A(x,y,z,t) = A'(x,y,z,t)\exp\left(-iC\frac{t^2}{2T_0^2}\right)$$

(2.11)

其中，T_0 表示脉冲的半宽度（光强度峰值的 1/e 处）；C 为初始啁啾参量，当 $C>0$ 时表示初始脉冲带有上啁啾或者正啁啾，当 $C<0$ 时，则正好相反（下或负啁啾）。对方程（2.11）进行傅里叶变换后就可以得到频谱的半宽度（振幅的 1/e 处）与脉冲啁啾以及脉宽的关系为 $\Delta\omega=\left(1+C^2\right)^{1/2}\big/T_0$ [56]。在这里主要讨论脉宽为百飞秒量级的变换极限脉冲和利用色散得到的大啁啾展宽脉冲，为了更好地分析考虑脉冲的时空变化特征，在此忽略损耗项、高阶色散项和高阶非线性项，即考虑简单的（3+1）维非线性 Schrödinger 方程，将式（2.11）代入到方程（2.8）并化简就可以得到大啁啾脉冲的传输方程 [156]：

$$\frac{\partial A'}{\partial z}=\mathrm{i}\frac{1}{2k_0}\nabla_\perp^2 A'+\mathrm{i}\gamma\left|A'\right|^2 A'-\mathrm{i}\frac{\beta_2}{2}\left(\frac{\partial^2 A'}{\partial t^2}-\frac{2\mathrm{i}C}{T_0^2}t\frac{\partial A'}{\partial t}-\frac{\mathrm{i}C}{T_0^2}A'-\frac{C^2}{T_0^4}t^2 A'\right) \quad (2.12)$$

2.3　激光脉冲传输方程的基本研究方法

由于 NLSE[方程（2.9）、（2.10）和（2.12）] 是非线性偏微分方程，在一般情况下不适用于解析求解，但是在一些特殊情况下还是可以求出其解的，在大多数情况下，我们采用数值模拟的方法来分析 NLSE。接下来我们将介绍处理 NLSE 方程的一些基本方法：解析求解方法、数值分析方法和线性理论分析方法。

2.3.1　解析求解方法

为了解析求解 NLSE，研究者们一直在不懈努力，提出了许多方法，如逆散射法 [157][158]、经典群分析方法 [159-163]、变分法 [164-169] 和矩方法 [170-171] 等。严格的数学方法存在一些不足之处，主要是它们通常考虑某些特定的边界值问题的一些特殊解。逆散射法可以求解出一维 NLSE 的单孤子和多孤子解 [157-158]，该方法不适合二维情形，而对称群方法可以求出三阶和五阶非线性介质中

NLSE 的各种一维、二维和三维解析解 [159-163]。随着符号计算系统的出现，直接代数操作方法的可行性得到提高，于是研究者们提出了许多新的强有力的解析求解方法，如广义 Riccati 方程法 [172]、Jacobi 椭圆函数（JEFs）展开法 [173-174]、双曲正切函数展开法 [175]、G'/G 展开法 [176]、齐次平衡原理 [177-179] 和 F- 展宽技术 [180-182] 等。最近，齐次平衡原理和 F- 展宽技术被广泛应用于解析求解具有分布系数的广义（2+1）维非线性薛定谔方程和广义（3+1）维非线性薛定谔方程 [183-188]。在第 3 章中，将详细描述齐次平衡原理和 F 展开技术，以及利用它们来解析求解具有分布系数的广义（3+1）维非线性薛定谔方程（generalized (3+1)-dimensional nonlinear Schrödinger equation，(3+1)-D GNLSE），即方程（2.9），并获得了大量的时空孤子解和周期行波解。

2.3.2 数值分析方法

由于宽激光脉冲的传输方程 [方程（2.10）] 包含了各种非线性效应，方程的形式非常复杂，解析求解该方程非常困难，为了研究清楚各种非线性效应对脉冲传输的影响，通常采用数值的方法来求解此方程。数值分析的方法有很多种，这些方法可以分为两大类：有限差分法和伪频谱法。当计算精度相同时，伪频谱法的计算速度比有限差分法要快一两个数量级 [189]。目前，分步傅里叶方法已经被广泛应用于数值求解非线性色散介质的脉冲传输问题，由于该方法采用有限傅里叶变换（FFT）算法，所以其他的计算速度一般都比有限差分法快很多。在实际的计算过程中常用分步快速傅里叶变换方法，为了提高计算精度，我们采用对称分步快速傅里叶变换方法 (symmetric split-step fast Fourier transform method，SSFFT) 来求解 NLSE，接下来以方程（2.10）为例来详细说明对称分步快速傅里叶变换方法。

为了方便编写程序，首先对方程（2.10）进行归一化处理，取 $\xi = z/l_{\mathrm{d}}$，$u = x/w_0$，$v = y/w_0$，$\eta = t/T_0$。其中 l_{d} 可以为衍射长度、色散长度或者某一个具体的数值；w_0 表示入射激光脉冲的束宽；T_0 表示入射激光脉冲的脉宽。这里再定义一些系数：$C_{\text{diff}} = l_{\text{d}}/2k_0 w_0^2$，$C_{\text{focus}} = \sigma$，$C_{\text{STfocus}} = 1/\omega_0 T_0$，$C_{\text{gain}} = \alpha_0 l_{\text{d}}/2$，$C_{\text{s}} = 1/\omega_0 T_0$，$C_{\text{NL}} = l_{\text{d}}/L_{\text{nl}}$，经过归一化处理后方程（2.10）的形式表示如下：

$$\frac{\partial A}{\partial \xi} = iC_{\text{diff}}\frac{1}{\left(1+iC_{\text{focus}}C_{\text{STfocus}}\dfrac{\partial}{\partial \eta}\right)}\left(\frac{\partial^2}{\partial u^2}+\frac{\partial^2}{\partial v^2}\right)A + C_{\text{gain}}A + i\cdot l_{\text{d}}\left[\sum_{m=2}^{\infty}\frac{1}{m!}\left(\beta_m + i\frac{\alpha_m}{2}\right)\left(i\frac{1}{T_0}\frac{\partial}{\partial \eta}\right)^m\right]A$$

$$+iC_{\text{NL}}\left(1+iC_{\text{s}}\frac{\partial}{\partial \eta}\right)\left[(1-\alpha)\left|A(\eta)\right|^2 + \alpha\int_{-\infty}^{\eta}f(\eta-\tau)\left|A(\tau)\right|^2\,\mathrm{d}\tau\right]A$$

$$(2.13)$$

为了进一步说明 SSFFT 方法，我们把方程（2.13）写成如下形式：

$$\frac{\partial A}{\partial \xi} = \left(\hat{D}+\hat{N}\right)A \qquad (2.14)$$

其中

$$\begin{cases}\hat{D} = i\left[C_{\text{diff}}\dfrac{1}{\left(1+iC_{\text{focus}}C_{\text{STfocus}}\dfrac{\partial}{\partial \eta}\right)}\left(\dfrac{\partial^2}{\partial u^2}+\dfrac{\partial^2}{\partial v^2}\right)+\sum_{m=2}^{\infty}\dfrac{1}{m!}\left(\beta_m + i\dfrac{\alpha_m}{2}\right)\left(i\dfrac{1}{T_0}\dfrac{\partial}{\partial \eta}\right)^m\right]+C_{\text{gain}} \\[4mm] \hat{N} = iC_{\text{NL}}\dfrac{1}{A}\left(1+iC_{\text{s}}\dfrac{\partial}{\partial \eta}\right)\left\{\left[(1-\alpha)\left|A(\eta)\right|^2 + \alpha\int_{-\infty}^{\eta}f(\eta-\tau)\left|A(\tau)\right|^2\,\mathrm{d}\tau\right]A(\eta)\right\}\end{cases}$$

$$(2.15)$$

方程（2.14）中的 $\hat{D}$ 表示线性算符，它包含了衍射、色散和增益（或者损耗）；$\hat{N}$ 表示非线性传输算符，它包含了各种非线性效应。一般来说，宽带激光脉冲在非线性介质中传输时，色散效应和非线性效应是同时存在的，而 SSFFT 方法的基本思想就是将传输介质分成许多个小薄片，假定每个小薄皮片的长度都是 h（传输步长），然后分别单独计算每一个小薄片上线性效应和非线性效应，便可分别求解出来。该方法主要分两步进行：首先考虑仅有的线性效应，令方程（2.15）中的 $\hat{N} = 0$；然后考虑仅有非线性作用，令方程（2.15）中的 $\hat{D} = 0$。

在求导的过程中利用函数差商作为近似，方程（2.14）可以写成如下形式：

$$\frac{\partial A}{\partial \xi} \approx \frac{A(u,v,\xi+h,\eta) - A(u,v,\xi,\eta)}{h} = (\hat{D}+\hat{N})A(\xi,\eta) \qquad (2.16)$$

由于在计算过程中 h 是一个很小的值，所以有

$$\exp\left[h(\hat{D}+\hat{N})\right] \approx 1 + h(\hat{D}+\hat{N})$$

将这个式子代入到方程（2.16）整理后可得

$$A(u,v,\xi+h,\eta) = \exp(h\hat{N})\exp(h\hat{D})A(u,v,\xi,\eta) \qquad (2.17)$$

由于色散效应项包含很多高阶项，这些跟时间有关的微分项是很难直接求解的，所以要利用傅里叶变换方法把它变换到频域中来求解。同时为了提高分步傅里叶算法的计算精度，在每一步的步长 h 里面，对于计算线性传输时，这一步又平均分成两小步（$h/2$），对于非线性传输则不需要再划分。所以在进行模拟计算时，首先进行步长为 $h/2$ 的线性传输运算，然后进行步长为 h 的非线性传输运算，最后再进行步长为 $h/2$ 的线性传输运算，于是方程（2.17）可以重新表示为如下形式：

$$A(u,v,\xi+h,\eta) = F^{-1}\left\{\exp\left(\frac{h}{2}\hat{D}\right)F\left\{\exp(h\hat{N})F^{-1}\left\{\exp\left(\frac{h}{2}\hat{D}\right)F\{A(u,v,\xi,\eta)\}\right\}\right\}\right\}$$

$$(2.18)$$

其中，F 表示傅里叶变换，F^{-1} 表示傅里叶逆变换。由于方程（2.18）中的线性传输部分运算是对称的，所以该方法称为对称分步快速傅里叶变换方法，其算法示意图如图 2.1 所示。按照上述步骤重复计算下去，就可以得到宽带激光脉冲在整个非线性介质传输过程中的时空波形数据。

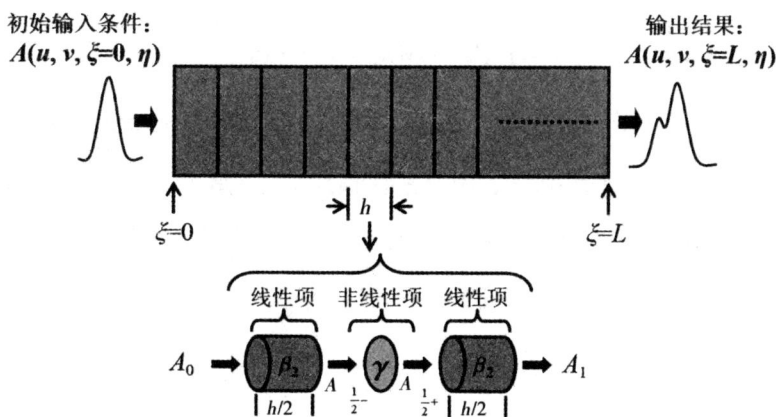

初始输入条件：
$A(u, v, \xi=0, \eta)$

输出结果：
$A(u, v, \xi=L, \eta)$

$\xi=0$　　　　　h　　　　　$\xi=L$

线性项　　非线性项　　线性项

$A_0 \rightarrow \beta_2 \rightarrow A\frac{1}{2}^{-} \gamma A\frac{1}{2}^{+} \rightarrow \beta_2 \rightarrow A_1$

$h/2$　　　　　　　　　$h/2$

图 2.1　分步对称快速傅里叶算法示意图

2.3.3　线性稳定性分析方法

当激光在非线性介质传输过程中发生小尺度自聚焦效应时，Bespalov 和 Talanov[88] 利用调制不稳定性理论非常清楚地解释了小尺度自聚焦现象，他们就是在初始入射的激光上叠加一个很弱的微扰调制，然后再分析微扰调制在非线性介质中传输时的时空变化规律，如最快增长频率、最大增益和最大增长系数等，这就是线性稳定性分析方法，该方法已经广泛用于研究激光脉冲非线性传输过程中的时空不稳定性问题。例如，章礼富等人 [101-102] 在理论和实验上研究了介质的弛豫效应对宽带激光脉冲时空不稳定性的影响，并得到了一些有趣的结论，如在非瞬时非线性响应介质中，时空不稳定性可以发生在反常色散自散焦介质中。王灿华等人 [156] 在研究了宽带激光脉冲在大啁啾情况下，脉冲啁啾对噪声微扰调制的影响，研究发现当介质的非线性系数与脉冲峰值强度的乘积 γI_0 相同时，脉冲啁啾对噪声微扰调制的增长没有直接影响。2011 年，M. Erkintalo 等人 [94] 利用高阶调制不稳定性理论解释了 Peregrine 孤子的产生和分裂现象。下面以 (3+1) GNLSE 方程为例，即方程（2.9），来详细描述线性稳定性分析过程。为了简单起见，我们考虑用方程（2.9）的稳态解（平波解）

来分析时空不稳定问题，很容易发现方程（2.9）存在一个稳态解。

$$A = \sqrt{P_0} \exp\left(iP_0 \int_0^z \gamma(z') dz'\right) \tag{2.19}$$

式中，$P_0 = |A_0|^2$ 表示 $z = 0$ 处的峰值功率；$P_0 \int_0^z \gamma(z') dz'$ 是由 SPM 引起的非线性相移。为了理解清楚稳态解（2.19）在很小的微扰下是否仍然稳定，根据微扰理论的分析方法，我们在稳态解上加上一个很小的微扰 $a(x,y,z,t)$，即 $|a| \ll 1$，则：

$$A = \left[\sqrt{P_0} + a(x,y,z,t)\right] \exp\left(iP_0 \int_0^z \gamma(z') dz'\right) \tag{2.20}$$

将式（2.20）代入到方程（2.9）后进行线性化处理（忽略掉 a 高次项），并将微扰 a 分解为实部和虚部，即 $a = u + iv$，于是可以得到关于 u、v 的两个耦合方程

$$\frac{\partial u}{\partial z} = -\frac{k(z)}{2} \nabla_\perp^2 v + \frac{\beta(z)}{2} \frac{\partial^2 v}{\partial t^2}$$
$$\frac{\partial v}{\partial z} = \frac{k(z)}{2} \nabla_\perp^2 u - \frac{\beta(z)}{2} \frac{\partial^2 u}{\partial t^2} + 2\gamma(z) P_0 u \tag{2.21}$$

对方程组（2.21）作傅里叶变换可得到频域中的线性微分方程组

$$\frac{\partial \tilde{u}(z,q,\omega)}{\partial z} = \frac{k(z)q^2}{2} \tilde{v}(z,q,\omega) - \frac{\beta(z)\omega^2}{2} \tilde{v}(z,q,\omega)$$
$$\frac{\partial \tilde{v}(z,q,\omega)}{\partial z} = -\frac{k(z)q^2}{2} \tilde{u}(z,q,\omega) + \frac{\beta(z)\omega^2}{2} \tilde{u}(z,q,\omega) + 2\gamma(z) P_0 \tilde{u}(z,q,\omega) \tag{2.22}$$

其中，ω 和 $q = \sqrt{q_x^2 + q_y^2}$ 分别表示微扰的时间频率和空间频率。对方程组（2.22）求解可得到微扰的时空不稳定性增益谱的表达式

$$g = \sqrt{\left(\frac{k(z)q^2}{2} - \frac{\beta(z)\omega^2}{2}\right)\left(-\frac{k(z)q^2}{2} + \frac{\beta(z)\omega^2}{2} + 2\gamma(z) P_0\right)} \tag{2.23}$$

当确定衍射、色散和非线性系数时，根据式（2.23）就可以得到不同条件下的时空增益谱特性。又由于衍射系数 $k(z)$、色散系数 $\beta(z)$ 和非线性系数 $\gamma(z)$ 为广义的系数，它们可以是常数也可以是变系数，如当衍射系数、色散

系数和非线性系数为常系数时，$P_0 = 1$，$k(z) = 1$，$\beta(z) = -3$ 或者 $\beta(z) = 3$，$\gamma(z) = 5$ 时，时空增益谱如图 2.2 所示。

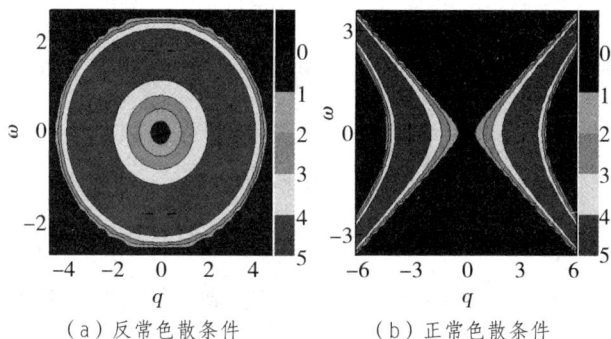

(a) 反常色散条件　　　　(b) 正常色散条件

图 2.2　自聚焦介质中不同空间频率 q 和时间频率 w 下的时空增益谱

图 2.2 给出了反常色散和正常色散条件下自聚焦介质中的时空不稳定性增益谱随空间频率和时间频率的变化关系。由图可知，反常色散条件下，调制不稳定性区域主要集中在时空频率的中心频域附近，当时间频率或空间频率向高频方向增大到一定值时，激光脉冲就会出现无增长情况，即此时不会发生时空不稳定性；正常色散条件下，调制不稳定性区域向时间频率和空间频率的高频区域扩展。

在发生时空不稳定性时，实际上我们最关心的还是最快增长时间频率成分 ω_{max}、最快增长空间频率成分 q_{max} 和它们所对应的最大增益 g_{max}，令（2.23）式中的 $\partial g/\partial \omega = 0$ 和 $\partial g/\partial q = 0$，可以得到 ω_{max}、q_{max} 和 g_{max} 之间的关系：

$$\frac{k(z)q_m^2}{2} - \frac{\beta(z)\omega_m^2}{2} = \gamma P_0$$
$$g_m = \gamma P_0 \tag{2.24}$$

由式（2.24）可知，时空最快增长频率和最大增益都跟激光的峰值强度有关，并且最大增益随激光峰值强度的增加呈线性增大。

2.4　本章小结

本章主要描述激光脉冲的传输模型和给出了激光脉冲的传输方程，包括广义 (3+1) 维非线性 Schrödinger 方程、宽带激光脉冲传输方程和大啁啾脉冲传输方程，并详细描述了处理激光脉冲传输方程的一些基本方法，如解析求解方法（变分法、逆散射法、奇次平衡法和 F- 展宽技术等）、数值模拟方法（有限差分法、分步对称快速傅里叶变换方法等）和线性稳定性分析方法等。

第 3 章　非均匀非线性介质中激光脉冲的时空传输特性研究

3.1　引言

广义非线性薛定谔方程（generalized nonlinear schrödinger equation, GNLSE）是物理系统中一个非常普遍且极为重要的数学模型，它出现在许多物理领域中，如凝聚态物理学、离子物理学、流体物理学和非线性光学，等等。在过去的几十年，研究者们对于（1+1）维[190-192]、（2+1）维[183-184][193-195]和（3+1）维[185-188] GNLSE 进行了深入的理论研究，获得了 GNLSE 的解析解并且对这些解的传输特性进行了分析。解析求解 GNLSE 的方法主要有逆散射法[157-158]、变分法[164-169]、广义 Riccati 方程法[172]，Jacobi 椭圆函数（JEFs）展开法[173-174]、双曲正切函数展开法[175]，G'/G 展开法[176]，齐次平衡原理[177-179] 和 F- 展宽技术[180-182]，等等。由于（1+1）维 GNLSE 是可积的，所以已经获得了许多的孤子解，如带有分布式系数的（1+1）维 GNLSE 拥有双曲正割和双曲正切形式的解析解[190-192]。当输入功率小于自聚焦的临界功率时，常系数（2+1）维 GNLSE 的解析解在传输过程中是扩散的；当输入功率大于自聚焦的临界功率时，由于自聚焦效应的影响，解析解在有限的距离处发生崩塌。最近，Towers 等人[193]研究表明带有分布式系数的（2+1）维 GNLSE 拥有 2D 稳态孤子解，他们认为分层介质中的克尔非线性系数符号的可改变性使 2D 孤子解在传输过程中是稳定的。对于 GNLSE 的解析解的时空传输稳定性一直存在很大的争议，有研究者认为当不调制色散系数时，解析解在传输过程中是稳定的[194]，但是也有研究者表示反对[195]，还有研究者认为当只调制色散系数时，3D 时空孤子解在传输过程中是不稳定的[196-197]。Belić 等人[184] 研究指出调制衍射系数和非线性系数或色散系数和非线性系数是同时发生的，他们还在数值模拟中观察到解析解能够稳定地传输几十个衍射长度。Matuszewski 等人[198] 研究表明周期调制色散系数联合 1D 横向传输方向的光学格子可以使 3D 时空孤子在传输过程中稳定。

由于不同阶强度矩可以描述激光的特性，所以有很多研究者利用强度矩方法描述激光的传输特性，该方法最早由 Simon 等人 [199] 提出，其主要优点在于它只要根据入射激光的特征参数就可以很容易得到激光输出后的特征参数。从实验的观点出发，由于高阶强度矩（$m+n>4$）具有很大的误差而且很难在实验中测量，所以只用 $0\sim4$ 阶强度矩描述激光的特性，这里的（$m+n$）表示强度矩的阶数。零阶强度矩一般用来描述跟激光脉冲能量有关的参数 [200]；一阶强度矩用来描述光场重心的分布 [201]；二阶强度矩可以用来描述激光脉冲的束宽、脉宽、远场发散角、M^2 因子、曲率半径和瑞利长度等 [201-204]，Siegman 曾提出利用二阶强度矩来表征激光的光束质量；三阶强度矩用来描述激光脉冲的对称性 [201]；四阶强度矩用来描述激光脉冲的陡峭度，即 K 参数 [201][205-208]。在本章，当激光脉冲在非均匀的非线性介质中传输时，我们利用强度矩的方法分析（3+1）维 GNLSE 的解析解的时空传输特性，又由于激光脉冲的束宽和脉宽的变化可以直接反应激光脉冲在非线性传输过程中的稳定性，所以根据二阶强度矩详细地分析了解析解在非线性传输过程中的时空稳定性。

3.2 （3+1）维广义非线性薛定谔方程的解析解

在直角坐标系下，具有分布系数的（3+1）维 GNLSE 可以由方程（2.9）描述。为了计算方便，对方程（2.9）进行归一化处理并忽略损耗或者增益项，其中 $Q=A/A_0$，$\xi=z/l_{\mathrm{d}}$，$\tau=t/T_0$，$u=x/w_0$，$v=y/w_0$，则可以得到一个无量纲化的（3+1）维 GNLSE，其表示形式如下：

$$\mathrm{i}\frac{\partial Q}{\partial \xi}=-\frac{k(\xi)}{2}\left(\frac{\partial^2 Q}{\partial u^2}+\frac{\partial^2 Q}{\partial v^2}\right)+\frac{\beta(\xi)}{2}\frac{\partial^2 Q}{\partial \tau^2}-\gamma(\xi)|Q|^2 Q \tag{3.1}$$

其中，$Q(\xi,u,v,\tau)$ 表示电场的复包络；u 和 v 分别归一化后的横向空间坐标；τ 和 ξ 分别表示归一化后的时间坐标和传输距离，并且方程（3.1）在化简的过程中引入了移动坐标系；$k(\xi)$、$\beta(\xi)$ 和 $\gamma(\xi)$ 分别表示衍射系数、色散系数和非线性系数；$\beta(\xi) < 0$ 表示反常色散；$\beta(\xi) > 0$ 表示正常色散。

综合利用奇次平衡法和 F- 展宽技术 [177-182]，方程（3.1）具有如下形式的解：

$$Q(\xi,u,v,\tau) = U(\xi,u,v,\tau)\mathrm{e}^{iV(\xi,u,v,\tau)} \tag{3.2}$$

其中

$$U(\xi,u,v,\tau) = q_0(\xi) + q_1(\xi)F(\phi) + q_{-1}(\xi)F^{-1}(\phi) \tag{3.3}$$

$$\phi = a(\xi)u + b(\xi)v + c(\xi)\tau + d(\xi) \tag{3.4}$$

$$V(\xi,u,v,\tau) = e(\xi)\left(u^2 + v^2\right) + f(\xi)(u+v) + g(\xi)\tau^2 + h(\xi)\tau + l(\xi) \tag{3.5}$$

方程（3.3）到方程（3.5）中的 q_0，q_1，q_{-1}，a，b，c，d，e，f，g，h 和 l 都为待定系数，并且都与传输距离 ξ 有关。$e(\xi)$ 和 $f(\xi)$ 分别表示空间啁啾和时间啁啾，$F(\phi)$ 表示雅克比椭圆函数之中的一个表达式，并且 $F(\phi)$ 通常满足 $\left(\mathrm{d}F/\mathrm{d}\phi\right)^2 = C_0 + C_2 F^2 + C_4 F^4$ 和 $\mathrm{d}^2 F/\mathrm{d}\phi^2 = C_2 F + 2C_4 F^3$，其中 C_0、C_2 和 C_4 表示与雅克比椭圆函数的模数 M 有关的实数常量，如表 3.1 所示。将式（3.2）到式（3.5）代入到方程（3.1）中，并整理就可以得到一系列的一阶常微分和代数方程，即令含有 $u^m F^n$，$v^m F^n$，$\tau^m F^n$（$m = 0,1,2$；$n = 0,1,2,3$）以及 $\sqrt{C_0 + C_2 F^2 + C_4 F^4}$ 即 $\mathrm{d}F/\mathrm{d}\phi$ 项的系数都分别为 0。

$$\frac{\mathrm{d}q_i}{\mathrm{d}z} + \left(2ek - g\beta\right)q_i = 0 \ , \quad q_j\left(\frac{\mathrm{d}a}{\mathrm{d}\xi} + 2kae\right) = 0 \ , \quad q_j\left(\frac{\mathrm{d}b}{\mathrm{d}\xi} + 2kbe\right) = 0 \tag{3.6}$$

$$q_j\left(\frac{\mathrm{d}c}{\mathrm{d}\xi} - 2\beta gc\right) = 0 \ , \quad q_j\left[\frac{\mathrm{d}d}{\mathrm{d}\xi} + kf(a+b) - \beta hc\right] = 0 \ , \quad 3\gamma q_0 q_j^2 = 0 \tag{3.7}$$

$$q_i\left(\frac{\mathrm{d}e}{\mathrm{d}\xi} + 2ke^2\right) = 0 \ , \quad q_i\left(\frac{\mathrm{d}f}{\mathrm{d}\xi} + 2kfe\right) = 0 \ , \quad q_i\left(\frac{\mathrm{d}g}{\mathrm{d}\xi} - 2\beta g^2\right) = 0 \tag{3.8}$$

$$q_i\left(\frac{\mathrm{d}h}{\mathrm{d}\xi}-2\beta gh\right)=0 \;,\; q_0\left(\frac{\mathrm{d}l}{\mathrm{d}\xi}+kf^2-\frac{\beta h^2}{2}-\gamma q_0^2-6\gamma q_1 q_{-1}\right)=0 \tag{3.9}$$

$$q_j\left[\frac{\mathrm{d}l}{\mathrm{d}\xi}+kf^2-\frac{\beta h^2}{2}-\frac{C_2\left[k\left(a^2+b^2\right)-\beta c^2\right]}{2}-3\gamma q_0^2-3\gamma q_1 q_{-1}\right]=0 \tag{3.10}$$

$$q_1\left[\left[k\left(a^2+b^2\right)-\beta c^2\right]C_4+\gamma q_1^2\right]=0 \quad q_{-1}\left[\left[k\left(a^2+b^2\right)-\beta c^2\right]C_0+\gamma q_{-1}^2\right]=0 \tag{3.11}$$

其中，$i=0,-1,1$；$j=-1,1$。考虑最普通的情形，即假设 q_1 和 q_{-1} 为非零函数值，并系数 $\beta(z)$ 和 $k(z)$ 可以任意取值，对方程组（3.6）到（3.11）进行求解即可得到方程（3.1）的解析解。

$$q_1=q_{10}\alpha\sqrt{\sigma}\;,\; q_{-1}=\varepsilon\sqrt{\frac{C_0}{C_4}}q_1\;,\; e=e_0\alpha\;,\; a=a_0\alpha \tag{3.12}$$

$$b=b_0\alpha\;,\; f=f_0\alpha\;,\; g=g_0\sigma\;,\; c=c_0\sigma\;,\; h=h_0\sigma \tag{3.13}$$

$$d=d_0-\alpha f_0(a_0+b_0)\int_0^\xi k(\xi)\mathrm{d}\xi-\sigma c_0 h_0\int_0^\xi\beta(\xi)\mathrm{d}\xi \tag{3.14}$$

$$l=l_0+\frac{\alpha}{2}\left[\left(a_0^2+b_0^2\right)\left(C_2-6\varepsilon\sqrt{C_0 C_4}\right)-2f_0^2\right]\int_0^\xi k(\xi)\mathrm{d}\xi \\ +\frac{\sigma}{2}\left[h_0^2-c_0^2\left(C_2-6\varepsilon\sqrt{C_0 C_4}\right)\right]\int_0^\xi\beta(\xi)\mathrm{d}\xi \tag{3.15}$$

将式（3.12）到式（3.15）代入到式（3.2）中就可以得到方程（3.1）的解析解：

$$Q(\xi,u,v,\tau)=\left[q_{10}\alpha\sqrt{\sigma}F(\phi)+\varepsilon\sqrt{\frac{C_0}{C_4}}q_{10}\alpha\sqrt{\sigma}F^{-1}(\phi)\right] \\ \times\exp\left\{\mathrm{i}\left[\alpha e_0(u^2+v^2)+\alpha f_0(u+v)+\sigma g_0\tau^2+\sigma h_0\tau+l\right]\right\} \tag{3.16}$$

$$\phi=(a_0 u+b_0 v)\alpha+c_0\sigma\tau-\alpha f_0(a_0+b_0)\int_0^\xi k(\xi)\mathrm{d}\xi-\sigma c_0 h_0\int_0^\xi\beta(\xi)\mathrm{d}\xi+d_0 \tag{3.17}$$

其中，$\alpha=1/\left(1+2e_0\int_0^\xi k(\xi)\mathrm{d}\xi\right)$ 与 $\sigma=1/\left(1-2g_0\int_0^\xi\beta(\xi)\mathrm{d}\xi\right)$ 分别为归一化的空间啁啾函数与时间啁啾函数，下标为 0 的符号表示参数在 $\xi=0$ 时的初始值，$\varepsilon=\pm1$。只要选择表 3.1 中的合适的雅克比椭圆函数 $F(\phi)$，我们就可以

得到时空孤子解和周期行波解。由式（3.12）到式（3.15）可知，空间项的系数（a，b，e，f）都与空间啁啾函数 α 有关，且空间啁啾函数只与衍射系数 $k(\xi)$ 有关；时间项系数（c，g，h）都与时间啁啾函数 σ 有关，且时间啁啾函数只与色散函数 $\beta(\xi)$ 有关；空间啁啾函数和时间啁啾函数同时对系数 $d(\xi)$ 和 $l(\xi)$ 产生影响。当初始啁啾函数不为零时（$e_0 \neq 0$，$g_0 \neq 0$），所有的系数都是随传输距离 ξ 变化。另外，我们也可以发现非线性系数 $\gamma(\xi)$ 不是一个任意值，它跟衍射系数 $k(\xi)$、色散系数 $\beta(\xi)$、空间啁啾 $\alpha(\xi)$ 和时间啁啾 $\sigma(\xi)$ 是紧密相关联的，即有：

$$\gamma(\xi) = \frac{c^2\beta(\xi) - \left(a^2 + b^2\right)k(\xi)}{q_1^2}C_4 = \frac{c_0^2\sigma^2\beta(\xi) - \left(a_0^2 + b_0^2\right)\alpha^2 k(\xi)}{q_{10}^2\alpha^2\sigma}C_4 \quad (3.18)$$

表 3.1　雅克比椭圆函数

解	C_0	C_2	C_4	F	$M = 0$	$M = 1$
1	1	$-1-M$	M	SN	sin	tanh
2	$1-M$	$2M-1$	$-M$	CN	cos	sech
3	$M-1$	$2-M$	-1	DN	1	sech
4	M	$-1-M$	1	NS	csc	coth
5	$-M$	$2M-1$	$1-M$	NC	sec	cosh
6	-1	$2-M$	$M-1$	ND	1	cosh
7	1	$2-M$	$1-M$	SC	tan	sinh
8	$1-M$	$2-M$	1	CS	cot	csch
9	1	$-1-M$	M	CD	cos	1
10	M	$-1-M$	1	DC	sec	1

由式（3.16）-（3.17）可知，根据衍射系数 $k(\xi)$ 和色散系数 $\beta(\xi)$ 的不同，（3+1）维 GNLSE 的解析解可以分成不同的种类。为了计算的方便，我

们令 $d_0 = l_0 = \varepsilon = 0$ 和 $q_{10} = a_0 = b_0 = c_0 = f_0 = h_0 = 1$。当 $M = 1$ 或者 $0 < M < 1$（ $M = 0.5$ ）时，将表 3.1 中的雅克比椭圆函数代入到式（3.16）和式（3.17）就可以得到时空孤子波解（ $M = 1$ ）和周期性波（ $0 < M < 1$ ），在表 3.2 中列出了一些时空孤子解（第 2 个解，solution 2）和周期行波解（第 1 个解，solution1 ）。

表 3.2　单个雅克比椭圆函数的时空孤子解和周期行波解

解的类型	解析解的强度表达式	f 的表达式
无啁啾的孤子解	$\left\| Q\left(\xi,u,v,\tau\right)\right\|^2 = \mathrm{sech}^2(\phi)$	$\phi = u + v + \tau - 2\int_0^\xi k(\xi)\mathrm{d}\xi - \int_0^\xi \beta(\xi)\mathrm{d}\xi$
有啁啾的孤子解	$\left\| Q\left(\xi,u,v,\tau\right)\right\|^2 = \alpha\sqrt{\sigma}\,\mathrm{sech}^2(\phi)$	$\phi = (u+v)\alpha + \tau\sigma - 2\alpha\int_0^\xi k(\xi)\mathrm{d}\xi - \sigma\int_0^\xi \beta(\xi)\mathrm{d}\xi$
无啁啾的周期波解	$\left\| Q\left(\xi,u,v,\tau\right)\right\|^2 = \mathrm{SN}^2(\phi)$	$\phi = u + v + \tau - 2\int_0^\xi k(\xi)\mathrm{d}\xi - \int_0^\xi \beta(\xi)\mathrm{d}\xi$
有啁啾的周期波解	$\left\| Q\left(\xi,u,v,\tau\right)\right\|^2 = \alpha\sqrt{\sigma}\,\mathrm{SN}^2(\phi)$	$\phi = (u+v)\alpha + \tau\sigma - 2\alpha\int_0^\xi k(\xi)\mathrm{d}\xi - \sigma\int_0^\xi \beta(\xi)\mathrm{d}\xi$

当方程（3.1）中只考虑色散效应和非线性效应时，衍射系数、色散系数和非线性系数假定为 $k(\xi) = 0$， $\beta(\xi) = -1$， $\gamma(\xi) = 1$，于是方程（3.1）变成（1+1）维标准的非线性薛定谔方程，其表示形式如下：

$$\mathrm{i}\frac{\partial Q}{\partial \xi} + \frac{1}{2}\frac{\partial^2 Q}{\partial \tau^2} + |Q|^2 Q = 0 \tag{3.19}$$

根据 Agrawal[56] 的《非线性光纤光学原理及应用》教材可知，方程（3.19）拥有基态孤子解的标准形式 $Q(\xi,\tau) = \mathrm{sech}(\tau)\mathrm{e}^{\mathrm{i}\xi/2}$。如果我们假定其他的参数分别为： $M = 1$， $q_{10} = c_0 = 1$ 和 $e_0 = g_0 = a_0 = b_0 = d_0 = f_0 = l_0 = h_0 = \varepsilon = 0$，然后将这些参数代入到方程（3.16）~方程（3.17）中，并选择表 3.1 中的第 2 个解，于是式（3.16）~式（3.17）的形式也变成 $Q(\xi,\tau) = \mathrm{sech}(\tau)\mathrm{e}^{\mathrm{i}\xi/2}$，这与参考文献 [56] 中提到的形式一模一样。所以当衍射系数、色散系数和非线性系数取

某个特性的值时，方程（3.1）的解析解 [（3.16）~式（3.17）] 可以变成普通的形式，例如，当 $M = 1$，其他参数再取合适的值时，式（3.16）~式（3.17）将变成一个标准的基态孤子解。

3.3 解析解的强度演化规律

由于时间 τ 在移动坐标参考系中是随波包运动的且（3+1）维的情形非常复杂，所以为了简单起见，我们令时间 τ 方向与传输距离 ξ 方向是一致的，即 $\tau = \xi$，接下来将分析方程（3.1）的解析解 [式（3.16）~式（3.17）] 的强度随（$a_0u + b_0v$）与 ξ（或 τ）方向变化规律。

图 3.1 为衍射系数 $k(\xi)$ 和色散系数 $\beta(\xi)$ 为常系数时，表 3.1 中的解析解 2 和解析解 1 的强度分布情况。当初始啁啾为零时（$e_0 = g_0 = 0$），从图 3.1（a）和 3.1（c）可以明显地看出解析解 2 是一个标准的时空孤子解，解析解 1 是一个周期波解，又由于色散系数 $\beta(\xi) = -3$ 为负，即反常色散区域，所以解析解 2 是一个亮孤子，此时的解析解 2 和解析解 1 在非线性传输过程中是稳定的。当存在初始啁啾时（$e_0 = g_0 = 0.1$），啁啾影响了孤子的平衡条件，解析解 2[图 3.1(b)] 的强度分布变得不均匀，呈现无规律的变化，解析解 1[图 3.1（d）] 的强度分布也是呈现无规律不均匀的变化，此时激光脉冲在非均匀的非线性介质中的传输是不稳定的。

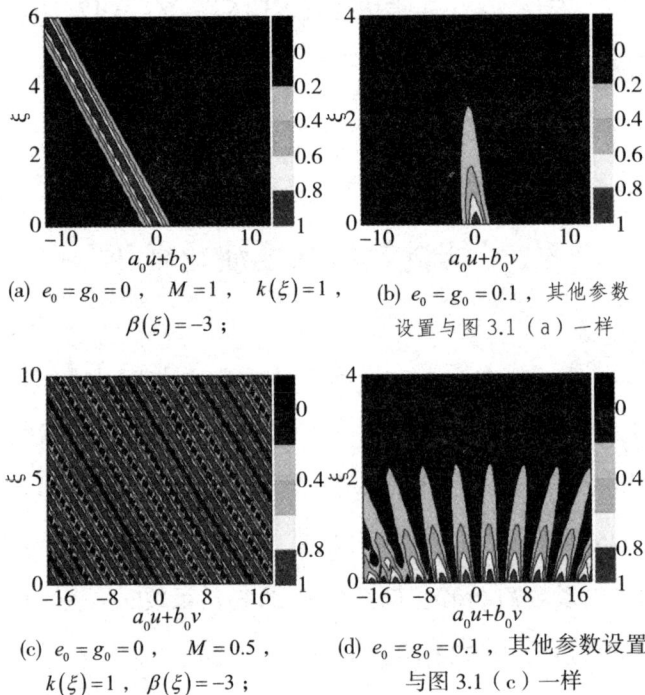

(a) $e_0 = g_0 = 0$，$M = 1$，$k(\xi) = 1$，
$\beta(\xi) = -3$；

(b) $e_0 = g_0 = 0.1$，其他参数
设置与图 3.1（a）一样

(c) $e_0 = g_0 = 0$，$M = 0.5$，
$k(\xi) = 1$，$\beta(\xi) = -3$；

(d) $e_0 = g_0 = 0.1$，其他参数设置
与图 3.1（c）一样

图 3.1　当衍射系数 $k(\xi)$ 和色散系数 $\beta(\xi)$ 为常系数时，表 3.1 中的解析解 2[（a）和（b）] 和解析解 1[（c）和（d）] 的强度分布图。

　　当衍射系数 $k(\xi)$ 和色散系数 $\beta(\xi)$ 为不同的分布式系数时，表 3.1 中的解析解 2 和解析解 1 的强度分布情况如图 3.2 所示。由图 3.2 可知，当初始啁啾为零时（ $e_0 = g_0 = 0$ ），解析解 2[图 3.2（a）] 仍是一个时空孤子解，解析解 1[图 3.2（c）] 是一个周期波解。由于色散系数的取值为一个特殊的周期函数 $\beta(\xi) = \cos(\xi)$ ，所以解析解 2 和解析解 1 沿传输距离时周期性变化的，此时的解析解 2 和解析解 1 在非线性传输过程中也是稳定的。当初始啁啾不为零时（ $e_0 = g_0 = 0.1$ ），解析解 2[图 3.2（b）] 和解析解 1[图 3.2（d）] 的强度分布沿着传输方向都是呈现无规律不均匀的变化，此时的解析解 2 和解析解 1 在传输过程中也就变得不稳定了。所以，当衍射系数和色散系数为常系数或者为不同的分布式系数时，很小的啁啾或者微扰就可以影响解的时空传输行为，从而

导致激光脉冲在非线性传输过程中变得不稳定。

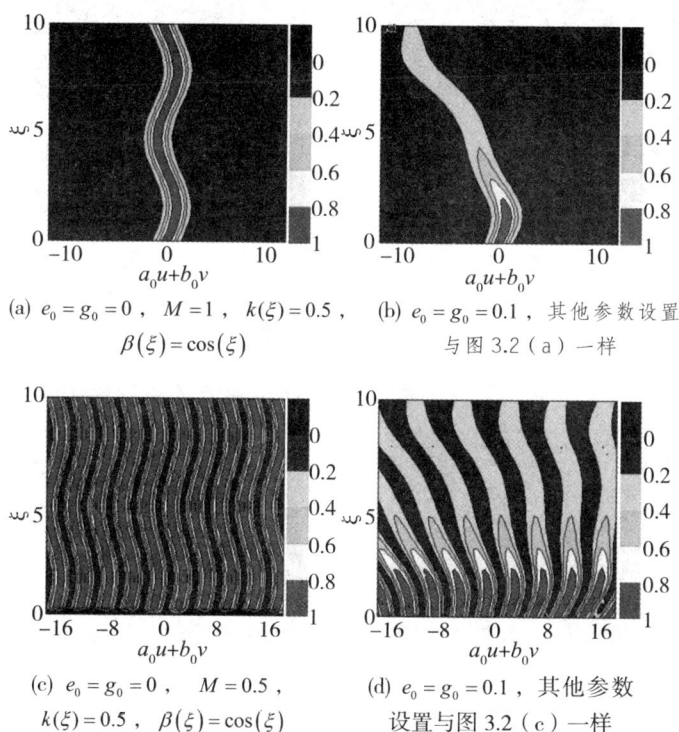

(a) $e_0 = g_0 = 0$，$M = 1$，$k(\xi) = 0.5$，$\beta(\xi) = \cos(\xi)$

(b) $e_0 = g_0 = 0.1$，其他参数设置与图 3.2（a）一样

(c) $e_0 = g_0 = 0$，$M = 0.5$，$k(\xi) = 0.5$，$\beta(\xi) = \cos(\xi)$

(d) $e_0 = g_0 = 0.1$，其他参数设置与图 3.2（c）一样

图 3.2　当衍射系数 $k(\xi)$ 和色散系数 $\beta(\xi)$ 为不同的分布系数时，表 3.1 中的解析解 2[（a）和（b）]和解析解 1[（c）和（d）]的强度分布图

　　当衍射系数和色散系数为相同的分布系数时，表 3.1 中的解析解 2 和解析解 1 的强度分布情况如图 3.3 所示。由图 3.3 可以看出，当初始啁啾为零（$e_0 = g_0 = 0$）或者不为零时（$e_0 = g_0 = 0.1$），解析解 2[图 3.3（a）和（b）]和解析解 1[图 3.3（c）和（d）]在非线性介质中传输时，其强度分布都是有规律的变化，由于衍射系数和色散系数都是沿传输方向 ξ 的周期性变化函数[$k(\xi) = \beta(\xi) = \cos(\xi)$]，于是解析解的强度分布又是呈周期性变化的，此时的解析解 2 和解析解 1 都是稳定传输的。所以，当衍射系数和色散系数为相同的分布系数，外界很小的啁啾或者微扰对解析解的传输行为几乎没有什么影响，此时激光脉冲能够在非均匀的非线性介质中进行稳定地传输。

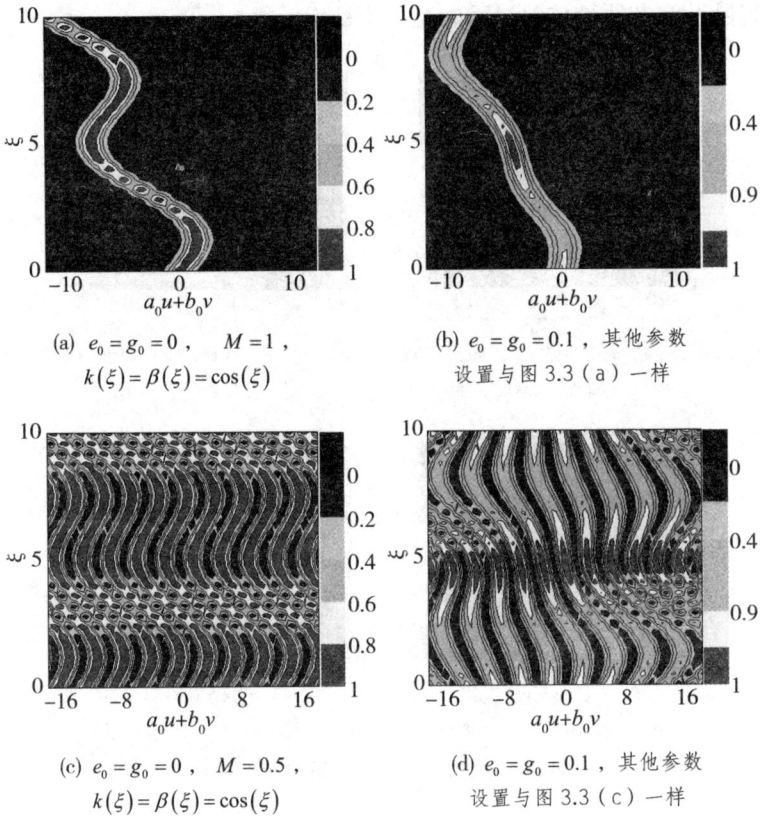

(a) $e_0=g_0=0$， $M=1$，
$k(\xi)=\beta(\xi)=\cos(\xi)$

(b) $e_0=g_0=0.1$，其他参数
设置与图3.3（a）一样

(c) $e_0=g_0=0$， $M=0.5$，
$k(\xi)=\beta(\xi)=\cos(\xi)$

(d) $e_0=g_0=0.1$，其他参数
设置与图3.3（c）一样

图3.3 当衍射系数 $k(\xi)$ 和色散系数 $\beta(\xi)$ 为相同的分布系数时，表3.1中的解析解2[（a）和（b）]和解析解1[（c）和（d）]的强度分布图。

3.4 解析解的时空传输特性

由于激光脉冲的束宽（beam width，BW）和脉宽（pulse width，PW）的变化可以直接反映激光在非线性介质中的传输稳定性情况，下面我们利用强度矩的方法详细分析解析解在非线性传输过程中的时空传输特性，尤其是时空稳定性。由式（3.16）~式（3.17）可知，解析解的形式在 u 方向和 v 方向是等价的，所以在分析时空传输特性时，只考虑 u 方向和 τ 方向。广义（ $m+n$ ）空

间强度矩定义为 [201]：

$$\left\langle u^m \theta^n \right\rangle = \frac{1}{2I} \int_{-\infty}^{+\infty} \int_{-\infty}^{+\infty} u^m \theta^n Q(u) Q_F^*(\theta) \exp(jku\theta) \, du \, d\theta + c.c.$$

(3.20)

其中，$Q(u)$、$Q(\theta)$、θ、Q_F 和 Q^* 分别表示近场、远场、远场发射角、场的傅里叶变换和场的共轭；$k = 2\pi/\lambda$ 表示波数；λ 是波长；缩写的 $c.c.$ 表示复共轭；$I = \int_{-\infty}^{+\infty} Q(u) Q^*(u) \, du = \int_{-\infty}^{+\infty} |Q(u)|^2 \, du$ 表示整个激光光束的总功率。利用傅里叶变换，式（3.20）可以用近场或者远场的形式来表示：

$$\left\langle u^m \theta^n \right\rangle = \frac{1}{2I(jk)^n} \int_{-\infty}^{+\infty} u^m Q(u) \frac{\partial^n}{\partial x^n} Q^*(u) \, du + c.c.$$

(3.21a)

$$\left\langle u^m \theta^n \right\rangle = \frac{1}{2I(jk)^m} \int_{-\infty}^{+\infty} \theta^n Q_F^*(\theta) \frac{\partial^m}{\partial \theta^m} Q_F(\theta) \, d\theta + c.c.$$

(3.21b)

式（3.21a）和（3.21b）是等价的，如果 $\left\langle u^m \theta^n \right\rangle$ 可以表示为场 $Q(u)$ 的函数，即有 $\left\langle u^m \theta^n \right\rangle = F\big(Q(u)\big)$，那么通过傅里叶变换则可以得到其共轭函数的表示形式，即有 $\left\langle u^n \theta^m \right\rangle = F\big(Q_F(\theta)\big)$。当 $n = 0$ 或者 $m = 0$ 时，式（3.21）包含了只有近场或者远场的强度矩的形式：

$$\left\langle u^m \theta^0 \right\rangle = \left\langle u^m \right\rangle = \frac{1}{I} \int_{-\infty}^{+\infty} u^m Q(u) Q^*(u) \, du$$

(3.22a)

$$\left\langle u^0 \theta^n \right\rangle = \left\langle \theta^n \right\rangle = \frac{\lambda}{I} \int_{-\infty}^{+\infty} \theta^n Q_F(\theta) Q_F^*(\theta) \, d\theta$$

(3.22b)

根据式（3.22a），类推就可以得到 m 阶的时间强度矩阵表达式：

$$\left\langle \tau^m \right\rangle = \frac{1}{P} \int_{-\infty}^{+\infty} \tau^m Q(\tau) Q^*(\tau) \, d\tau$$

(3.23)

这里的 $P = \int_{-\infty}^{+\infty} Q(\tau) Q^*(\tau) \, d\tau = \int_{-\infty}^{+\infty} |Q(\tau)|^2 \, d\tau$ 表示整个激光脉冲的总功率。接下来的计算将依据近场时空强度矩公式 [式（3.22a）和式（3.23）]。将式（3.17）代入到方程（3.22a）和（3.23），即可得到解析解的 m 阶时空强度矩表达式：

$$\left\langle u^m \right\rangle = \frac{\int_{-\infty}^{+\infty} u^m \left| q_{10}\alpha\sqrt{\sigma}F\left(\phi_u\right) + \varepsilon\sqrt{\frac{C_0}{C_4}}q_{10}\alpha\sqrt{\sigma}F^{-1}\left(\phi_u\right) \right|^2 du}{\int_{-\infty}^{+\infty} \left| q_{10}\alpha\sqrt{\sigma}F\left(\phi_u\right) + \varepsilon\sqrt{\frac{C_0}{C_4}}q_{10}\alpha\sqrt{\sigma}F^{-1}\left(\phi_u\right) \right|^2 du} \quad (3.24)$$

$$\left\langle \tau^m \right\rangle = \frac{\int_{-\infty}^{+\infty} \tau^m \left| q_{10}\alpha\sqrt{\sigma}F\left(\phi_\tau\right) + \varepsilon\sqrt{\frac{C_0}{C_4}}q_{10}\alpha\sqrt{\sigma}F^{-1}\left(\phi_\tau\right) \right|^2 d\tau}{\int_{-\infty}^{+\infty} \left| q_{10}\alpha\sqrt{\sigma}F\left(\phi_\tau\right) + \varepsilon\sqrt{\frac{C_0}{C_4}}q_{10}\alpha\sqrt{\sigma}F^{-1}\left(\phi_\tau\right) \right|^2 d\tau} \quad (3.25)$$

其中，$\phi_u = a_0\alpha u + d_0 - \alpha f_0\left(a_0 + b_0\right)\int_0^\xi k\left(\xi\right)d\xi - \sigma c_0 h_0 \int_0^\xi \beta\left(\xi\right)d\xi$；$\phi_\tau = c_0\sigma\tau + d_0 - \alpha f_0\left(a_0 + b_0\right)\int_0^\xi k\left(\xi\right)d\xi - \sigma c_0 h_0 \int_0^\xi \beta\left(\xi\right)d\xi$。

3.4.1　重心

空间和时间强度一阶矩常常用来描述激光光场重心的变化规律，即激光脉冲的时空传输轨迹。根据公式（3.24）和（3.25），解析解的时空重心可以表示为：

$$\bar{u} = \left\langle u \right\rangle = \frac{\int_{-\infty}^{+\infty} u \left| q_{10}\alpha\sqrt{\sigma}F\left(\phi_u\right) + \varepsilon\sqrt{\frac{C_0}{C_4}}q_{10}\alpha\sqrt{\sigma}F^{-1}\left(\phi_u\right) \right|^2 du}{\int_{-\infty}^{+\infty} \left| q_{10}\alpha\sqrt{\sigma}F\left(\phi_u\right) + \varepsilon\sqrt{\frac{C_0}{C_4}}q_{10}\alpha\sqrt{\sigma}F^{-1}\left(\phi_u\right) \right|^2 du} \quad (3.26)$$

$$\bar{\tau} = \left\langle \tau \right\rangle = \frac{\int_{-\infty}^{+\infty} \tau \left| q_{10}\alpha\sqrt{\sigma}F\left(\phi_\tau\right) + \varepsilon\sqrt{\frac{C_0}{C_4}}q_{10}\alpha\sqrt{\sigma}F^{-1}\left(\phi_\tau\right) \right|^2 d\tau}{\int_{-\infty}^{+\infty} \left| q_{10}\alpha\sqrt{\sigma}F\left(\phi_\tau\right) + \varepsilon\sqrt{\frac{C_0}{C_4}}q_{10}\alpha\sqrt{\sigma}F^{-1}\left(\phi_\tau\right) \right|^2 d\tau} \quad (3.27)$$

将上述所有参数代入到式（3.26）和（3.27），就可以得到解析解在非线性传输过程中的重心变化情况。激光脉冲在线性传输时，研究者们通常会令重心为零，即令 $\bar{u} = \bar{\tau} = 0$。由于重心与解的一阶相位是紧密相连的，而式（3.17）包含了非常普遍的解析解，并且这些解的一阶相位是随传输距离 ξ 变化，所以解析解的重心也是随传输方向变化的，在下面的计算中，如计算二阶、三阶和四阶强度矩时就必须考虑重心的变化过程。

3.4.2　束宽和脉宽

根据公式（3.24）和（3.25）和二阶强度矩，解析解在 u 方向的束宽和 τ 方向的脉宽可表示为

$$w_u(\xi) = \sqrt{4\langle u^2(\xi)\rangle} = \sqrt{\frac{4\int_{-\infty}^{+\infty}(u-\bar{u})^2\left|q_{10}\alpha\sqrt{\sigma}F(\phi_u)+\varepsilon\sqrt{\frac{C_0}{C_4}}q_{10}\alpha\sqrt{\sigma}F^{-1}(\phi_u)\right|^2 du}{\int_{-\infty}^{+\infty}\left|q_{10}\alpha\sqrt{\sigma}F(\phi_u)+\varepsilon\sqrt{\frac{c_0}{c_4}}q_{10}\alpha\sqrt{\sigma}F^{-1}(\phi_u)\right|^2 du}} \tag{3.28}$$

$$T_\tau(\xi) = \sqrt{4\langle \tau^2(\xi)\rangle} = \sqrt{\frac{4\int_{-\infty}^{+\infty}(\tau-\bar{\tau})^2\left|q_{10}\alpha\sqrt{\sigma}F(\phi_\tau)+\varepsilon\sqrt{\frac{C_0}{C_4}}q_{10}\alpha\sqrt{\sigma}F^{-1}(\phi_\tau)\right|^2 d\tau}{\int_{-\infty}^{+\infty}\left|q_{10}\alpha\sqrt{\sigma}F(\phi_\tau)+\varepsilon\sqrt{\frac{C_0}{C_4}}q_{10}\alpha\sqrt{\sigma}F^{-1}(\phi_\tau)\right|^2 d\tau}} \tag{3.29}$$

其中，$\bar{u}$ 和 $\bar{\tau}$ 分别表示解析解的空间重心和时间重心，将所有参数代入到式（3.28）和式（3.29）中就可以得到解析解的束宽和脉宽在非线性传输过程中的演化规律。由于式（3.28）和式（3.29）的形式很复杂，很难求出具体表达式，所以我们将采用数值模拟的方法求解束宽和脉宽。

图 3.4 所示为衍射系数 $k(\xi)$ 和色散系数 $\beta(\xi)$ 为常系数时，表 3.1 中的解析解 2 和解析解 1 的束宽和脉宽随传输距离的变化情况。由图可知，当 $e_0 = g_0 = 0$，$k(\xi) = 1$，$\beta(\xi) = -3$ 时，解析解 2 的束宽和脉宽沿传输方向为相同的恒定常数 [图 3.4（a）]，解析解 1 的束宽和脉宽沿传输方向是周期性变化的 [图 3.4（c）]，所以很明显地可以看出，解析解 2 是一个时空孤子解，解析解 1 是一个周期行波解，并且解析解 2 和解析解 1 的时空传输是稳定的。当 $e_0 = g_0 = 0.1$，由于啁啾影响了孤子的平衡条件，解析解 2 的束宽和脉宽随传输距离单调递增 [图 3.4（b）]；另外解析解 1 的束宽和脉宽沿传输方向呈

宽带激光脉冲的非线性时空演化及测量研究

现无规律的变化 [图 3.4 (d)]。所以，当衍射系数和色散系数为常数时，很小的啁啾或者外界微扰就会影响解的传输行为，解析解的时空传输就会变得不稳定，即此时的激光脉冲在非均匀的非线性介质中不能稳定地进行传输。

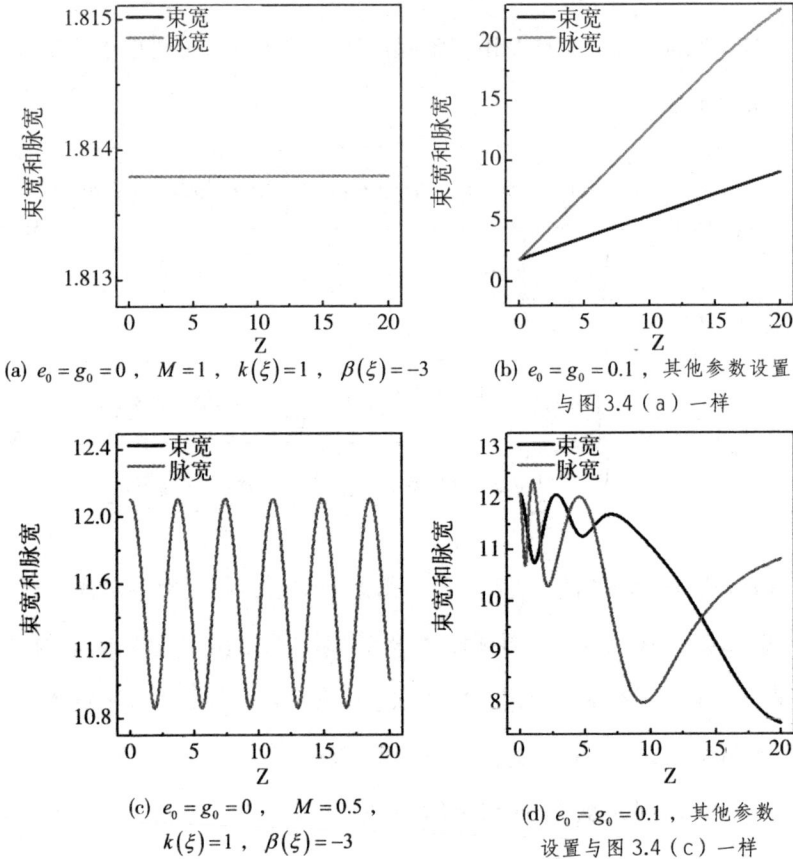

(a) $e_0 = g_0 = 0$ ， $M = 1$ ， $k(\xi) = 1$ ， $\beta(\xi) = -3$

(b) $e_0 = g_0 = 0.1$ ，其他参数设置与图 3.4 (a) 一样

(c) $e_0 = g_0 = 0$ ， $M = 0.5$ ， $k(\xi) = 1$ ， $\beta(\xi) = -3$

(d) $e_0 = g_0 = 0.1$ ，其他参数设置与图 3.4 (c) 一样

图 3.4 当衍射系数 $k(\xi)$ 和色散系数 $\beta(\xi)$ 为常系数时，表 3.1 中的解析解 2[(a)和(b)] 和解析解 1[(c) 和 (d)] 的束宽和脉宽随传输距离的变化情况

当衍射系数 $k(\xi)$ 和色散系数 $\beta(\xi)$ 为不同的分布系数时，我们在图 3.5 中描绘了解析解 2 和解析解 1 的束宽和脉宽在非线性传输过程中的演化规律。当 $e_0 = g_0 = 0$ ， $k(\xi) = 0.5$ ， $\beta(\xi) = \cos(\xi)$ 时，解析解 2 的束宽和脉宽随传输距离仍然为相同的恒定常数 [图 3.5 (a)]，所以解析解 2 是一个时空孤子解。

64

当 $e_0 = g_0 = 0.1$ 时，由于色散系数是一个特性的周期变化函数 $\beta(\xi) = \cos(\xi)$，解析解 2 的脉宽随传输距离周期性变化，但是它的束宽沿传输方向仍是单调递增的 [图 3.5（b）]，所以解析解 2 的时空传输是不稳定的。当 $e_0 = g_0 = 0$ 或者 $e_0 = g_0 = 0.1$ 和 $k(\xi) = 0.5$，$\beta(\xi) = \cos(\xi)$ 时，解析解 1 的束宽和脉宽沿传输方向都是无规律变化 [图 3.5（c）和图 3.5（d）]，所以解析解 1 在非线性介质中的传输是不稳定的。因此，当衍射系数和色散系数为不同的分布系数条件时，解析解在非线性介质中的时空传输也是不稳定的，此时的激光脉冲在非均匀的非线性介质中传输也是不稳定的。

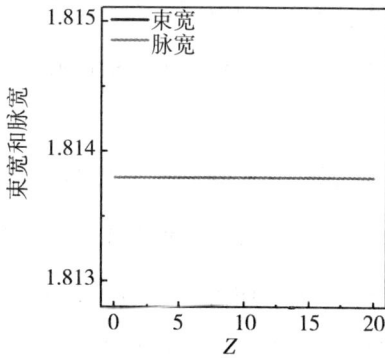

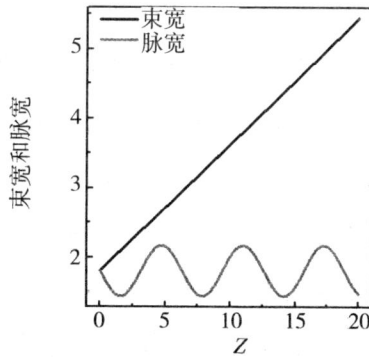

(a) $e_0 = g_0 = 0$，$M = 1$，$k(\xi) = 0.5$，$\beta(\xi) = \cos(\xi)$ (b) $e_0 = g_0 = 0.1$，其他参数设置与图 3.5（a）一样

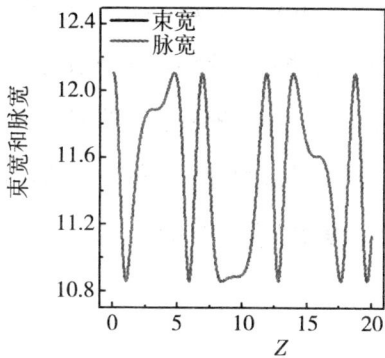

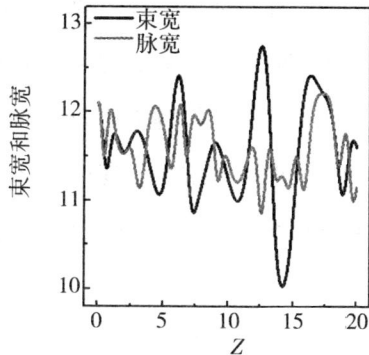

(c) $e_0 = g_0 = 0$，$M = 0.5$，$k(\xi) = 0.5$，$\beta(\xi) = \cos(\xi)$ (d) $e_0 = g_0 = 0.1$，其他参数设置与图 3.5（c）一样

图 3.5 当衍射系数 $k(\xi)$ 和色散系数 $\beta(\xi)$ 为不同的分布系数时，表 3.1 中的解析解 2[（a）和（b）] 和解析解 1[（c）和（d）] 的束宽和脉宽随传输距离的变化情况。

当衍射系数 $k(\xi)$ 和色散系数 $\beta(\xi)$ 为相同的分布系数时，图 3.6 中给出了解析解 2 和解析解 1 的束宽和脉宽在非线性传输过程中的演化规律。当 $e_0 = g_0 = 0$, $m = 1$, $k(\xi) = \beta(\xi) = \cos(\xi)$ 时，解析解 2 的束宽和脉宽沿传输方向还是为同一个恒定的常数 [图 3.6（a）]，解析解 1 的束宽和脉宽随传输距离周期性变化 [3.6（c）]，所以解析解 2 和解析解 1 是稳定传输的。当 $e_0 = g_0 = 0.1$ 时，由于衍射系数和色散系数为一个特性的周期性函数 $k(\xi) = \beta(\xi) = \cos(\xi)$ ，解析解 2 和解析解 1 的束宽和脉宽沿传输方向都是呈现周期性有规律的变化，所以解析解 2 和解析解 1 仍然是稳定传输的。因此，当衍射系数和色散系数为相同的分布函数时，微小的啁啾或者外界微扰几乎不影响解析解的传输特性，解析解在非线性传输过程中是稳定的，所以此时的激光脉冲能够在非均匀的非线性介质中稳定地传输。

Belić 等人 [184] 曾研究了色散系数和衍射系数为相同分布系数的 (3+1) 维 GNLSE，他们获得了一系列的解析解并且分析了这些解在非线性传输过程中的时空强度演化规律。研究发现，无论解析解有初始啁啾或者没有初始啁啾时，解析解的强度分布沿传输方向都是周期性变化的，所以它们在非线性介质中的传输是稳定的。在这里，利用二阶强度矩详细地分析了解析解在非线性传输过程中的时空稳定性。研究发现，当衍射系数和色散系数为相同的分布系数时，没有初始啁啾的解析解 2 的束宽和脉宽沿传输方向始终为一个相同的恒定常数，有初始啁啾的解析解 2 和无论有没有初始啁啾的解析解 1 的束宽和脉宽沿传输方向是周期性有规律的变化，所以它们在非线性介质中的时空传输是稳定的，研究所得结论与参考文献 [184] 的结论基本上是一样的。

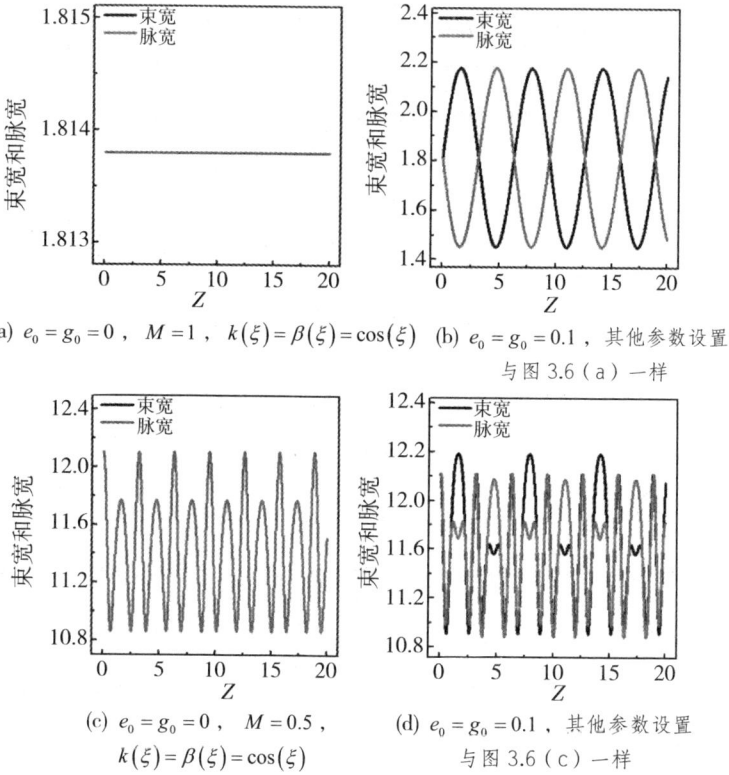

(a) $e_0 = g_0 = 0$，$M = 1$，$k(\xi) = \beta(\xi) = \cos(\xi)$　　(b) $e_0 = g_0 = 0.1$，其他参数设置
与图 3.6（a）一样

(c) $e_0 = g_0 = 0$，$M = 0.5$，
$k(\xi) = \beta(\xi) = \cos(\xi)$　　(d) $e_0 = g_0 = 0.1$，其他参数设置
与图 3.6（c）一样

图 3.6　当衍射系数 $k(\xi)$ 和色散系数 $\beta(\xi)$ 为相同的分布系数时，表 3.1 中的解析解2[（a）和（b）]和解析解 1[（c）和（d）]的束宽和脉宽随传输距离的变化情况。

根据上述分析结果可得，当衍射系数和色散系数为相同的分布系数时，（3+1）维 GNLSE 的解析解在非线性介质中能够稳定地传输，当衍射系数和色散系数为其他参数时，这些解析解的时空传输将会变得不稳定。如果能够设计出合适的光学非线性介质，使衍射系数、色散系数和非线性系数这三者之间达到平衡，那么激光脉冲就能够在这个非线性介质中稳定的传输。

3.4.3　对称性

激光光强的对称性（skewenss parameter）可以根据三阶强度矩描述，由公式（3.24）和（3.25）可得解析解的空间和时间的 S 参数：

$$S_u = \left\langle u^3 \right\rangle = \frac{\int_{-\infty}^{+\infty} (u-\bar{u})^3 \left| q_{10}\alpha\sqrt{\sigma}F(\phi_u) + \varepsilon\sqrt{\dfrac{C_0}{C_4}}q_{10}\alpha\sqrt{\sigma}F^{-1}(\phi_u) \right|^2 du}{\int_{-\infty}^{+\infty} \left| q_{10}\alpha\sqrt{\sigma}F(\phi_u) + \varepsilon\sqrt{\dfrac{C_0}{C_4}}q_{10}\alpha\sqrt{\sigma}F^{-1}(\phi_u) \right|^2 du} \tag{3.30}$$

$$S_\tau = \left\langle \tau^3 \right\rangle = \frac{\int_{-\infty}^{+\infty} (\tau-\bar{\tau})^3 \left| q_{10}\alpha\sqrt{\sigma}F(\phi_\tau) + \varepsilon\sqrt{\dfrac{C_0}{C_4}}q_{10}\alpha\sqrt{\sigma}F^{-1}(\phi_\tau) \right|^2 d\tau}{\int_{-\infty}^{+\infty} \left| q_{10}\alpha\sqrt{\sigma}F(\phi_\tau) + \varepsilon\sqrt{\dfrac{C_0}{C_4}}q_{10}\alpha\sqrt{\sigma}F^{-1}(\phi_\tau) \right|^2 d\tau} \tag{3.31}$$

公式（3.30）和（3.31）也是很复杂很难得到具体表达式的，所以我们还是利用数值模拟的方法计算解析解的空间和时间的 S 参数变化情况。

将所有的参数代入到式（3.30）和式（3.31）中，通过数值模拟计算就可以得到解析解 2 和解析解 1 在非线性介质中传输时，其空间和时间的 S 参数随传输距离的变化，如图 3.7 和图 3.8 所示。当衍射系数 $k(\xi)$ 和色散系数 $\beta(\xi)$ 为相同的分布系数和不同的分布系数时，无论有没有初始啁啾的解析解 2 的空间和时间的 S 参数沿传输方向都是零 [图 3.7（a~b）和图 3.8（a~b）]，即解析解 2（孤子解）的强度分布对称性非常好。当 $k(\xi)$ 和 $\beta(\xi)$ 常数时，无论有没有初始啁啾的解析解 2 的空间 S 参数和无啁啾的解析解 2 的时间 S 参数沿传输方向还是零，但是带有初始啁啾的解析解 2 的时间 S 参数随传输距离是变化的，所以啁啾影响了解析解 2 的强度分布对称性。当 $k(\xi)$ 和 $\beta(\xi)$ 为常系数和相同的分布系数，以及 $e_0 = g_0 = 0$ 时，解析解 1 的空间和时间的 S 参数随传输距离呈周期性变化 [图 3.7（c）和图 3.8（c）]；而 $k(\xi)$ 和 $\beta(\xi)$ 为不同的分布系数以及 $e_0 = g_0 = 0$ 时，解析解 1 的空间和时间的 S 参数随传输距离呈现无规律的变化 [图 3.7（c）和图 3.8（c）]。当 $e_0 = g_0 = 0.1$ 时，无论 $k(\xi)$ 和 $\beta(\xi)$ 为任何系数，解析解 1 的空间和时间的 S 参数随传输距离都是呈现无规律的变化 [图 3.7（d）和图 3.8（d）]，所以解析解 1（雅克比正弦椭圆解）的强度分布对称性不好，很小的啁啾将会影响其强度分布的对称性。

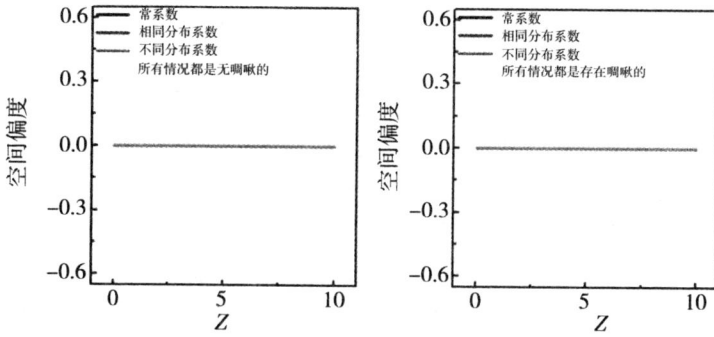

(a)（黑色的实线）$e_0 = g_0 = 0$，$M = 1$，$k(\xi) = 1$，$\beta(\xi) = -3$；（红色的实线）$e_0 = g_0 = 0$，$M = 1$，$k(\xi) = \beta(\xi) = \cos(\xi)$；（蓝色的实线）$e_0 = g_0 = 0$，$M = 1$，$k(\xi) = 0.5$，$\beta(\xi) = \cos(\xi)$；

(b) $e_0 = g_0 = 0.1$，其他参数设置与图 3.7（a）一样；

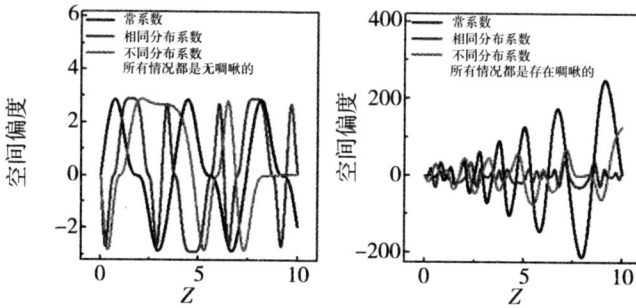

(c)（黑色的实线）$e_0 = g_0 = 0$，$M = 0.5$，$k(\xi) = 1$，$\beta(\xi) = -3$；（红色的实线）$e_0 = g_0 = 0$，$M = 0.5$，$k(\xi) = \beta(\xi) = \cos(\xi)$；（蓝色的实线）$e_0 = g_0 = 0$，$M = 0.5$，$k(\xi) = 0.5$，$\beta(\xi) = \cos(\xi)$；

(d) $e_0 = g_0 = 0.1$，其他参数设置与图 3.7（c）一样

图 3.7　表 3.1 中的解析解 2[（a）和（b）]和解析解 1[（c）和（d）]的空间 S 参数随传输距离的变化情况

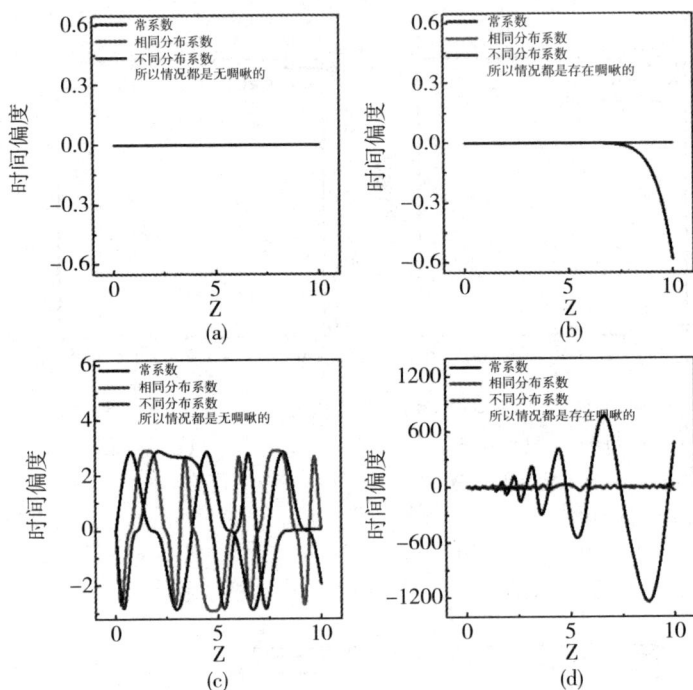

图 3.8　表 3.1 中的解析解 2[（a）和（b）] 和解析解 1[（c）和（d）] 的时间 S 参数
随传输距离的变化情况

注：参数设置与图 3.7 一样

3.4.4　陡峭度

K 参数可以用来描述任何激光光束的陡峭度，根据 K 参数与 3 的大小情况，激光光束的强度曲线可以分为以下三种情况：①当 $K<3$ 时，激光的强度曲线呈低峰态分布；②当 $K=3$ 时，激光的强度曲线呈常峰态分布；③当 $K>3$ 时，激光的强度曲线呈尖峰态分布。各种不同类型的激光光束的 K 参数已经被广泛地研究了，根据参考文献 [208] 可得解析解的空间 K 参数表达式：

$$K_u = \frac{\langle u^4 \rangle}{\left(\langle u^2 \rangle \right)^2} \tag{3.32}$$

其中，$\langle u^4 \rangle$ 和 $\langle u^2 \rangle$ 分别表示空间四阶强度矩和二阶强度矩。同理可得解析解的时间 K 参数表达式：

$$K_\tau = \frac{\langle \tau^4 \rangle}{\left(\langle \tau^2 \rangle \right)^2} \tag{3.33}$$

其中，$\langle \tau^4 \rangle$ 和 $\langle \tau^2 \rangle$ 分别表示时间四阶强度矩和二阶强度矩。将式（3.24）和式（3.25）代入式（3.32）和式（3.33）就可以得到解析解的空间和时间 K 参数：

$$K_u = \frac{A \times B}{\left(\int_{-\infty}^{+\infty} (u - \bar{u})^2 \left| q_{10} \alpha \sqrt{\sigma} F(\phi_u) + \varepsilon \sqrt{\frac{C_0}{C_4}} q_{10} \alpha \sqrt{\sigma} F^{-1}(\phi_u) \right|^2 \mathrm{d}u \right)^2} \tag{3.34}$$

$$K_\tau = \frac{C \times D}{\left(\int_{-\infty}^{+\infty} (\tau - \bar{\tau})^2 \left| q_{10} \alpha \sqrt{\sigma} F(\phi_\tau) + \varepsilon \sqrt{\frac{C_0}{C_4}} q_{10} \alpha \sqrt{\sigma} F^{-1}(\phi_\tau) \right|^2 \mathrm{d}\tau \right)^2} \tag{3.35}$$

其中

$$A = \left(\int_{-\infty}^{+\infty} (u - \bar{u})^4 \left| q_{10} \alpha \sqrt{\sigma} F(\phi_u) + \varepsilon \sqrt{\frac{C_0}{C_4}} q_{10} \alpha \sqrt{\sigma} F^{-1}(\phi_u) \right|^2 \mathrm{d}u \right)$$

$$B = \left(\int_{-\infty}^{+\infty} \left| q_{10} \alpha \sqrt{\sigma} F(\phi_u) + \varepsilon \sqrt{\frac{C_0}{C_4}} q_{10} \alpha \sqrt{\sigma} F^{-1}(\phi_u) \right|^2 \mathrm{d}u \right)$$

$$C = \left(\int_{-\infty}^{+\infty} (\tau - \bar{\tau})^4 \left| q_{10} \alpha \sqrt{\sigma} F(\phi_\tau) + \varepsilon \sqrt{\frac{C_0}{C_4}} q_{10} \alpha \sqrt{\sigma} F^{-1}(\phi_\tau) \right|^2 \mathrm{d}\tau \right)$$

$$D = \left(\int_{-\infty}^{+\infty} \left| q_{10} \alpha \sqrt{\sigma} F(\phi_\tau) + \varepsilon \sqrt{\frac{C_0}{C_4}} q_{10} \alpha \sqrt{\sigma} F^{-1}(\phi_\tau) \right|^2 \mathrm{d}\tau \right)$$

公式（3.34）和（3.35）同样很难得到具体表达式，所以我们还是利用数值模拟的方法计算解析解的空间和时间的 K 参数变化情况。

图 3.9 和图 3.10 分别表示解析解 2 和解析解 1 的空间和时间的 K 参数在非线性传输过程中随传输距离的变化情况。当 $k(\xi)$ 和 $\beta(\xi)$ 为相同的分布系数和不同的分布系数时，无论有没有初始啁啾，解析解 2 的空间和时间的 K 参数沿传输方向都为相同的恒定常数 4.2 [图 3.9（a~b）和图 3.10（a~b）]，即

此时解析解 2 的陡峭度保持恒定不变。当 $k(\xi)$ 和 $\beta(\xi)$ 为常系数时，无论有没有初始啁啾的解析解 2 的空间 K 参数和没有初始啁啾的解析解 2 的时间 K 参数沿传输方向仍然为 4.2，但是有初始啁啾的解析解 2 的时间 K 参数随传输距离是变化的，所以啁啾影响了解析解 2 的时空陡峭度分布。当 $e_0 = g_0 = 0$ 时，无论 $k(\xi)$ 和 $\beta(\xi)$ 为任何系数，解析解 1 的空间和时间的 K 参数沿传输方向大约为常数 1.8 [图 3.9（c）和图 3.10（c）]。当 $e_0 = g_0 = 0.1$ 时，并且 $k(\xi)$ 和 $\beta(\xi)$ 为相同的分布系数时，解析解 1 的空间和时间的 K 参数随传输距离仍然大约为常数 1.8 [图 3.9（d）和图 3.10（d）]。但是当 $e_0 = g_0 = 0.1$ 时，并且 $k(\xi)$ 和 $\beta(\xi)$ 为常系数和不同的分布系数时，解析解 1 的空间和时间的 K 参数随传输距离呈现无规律的变化 [图 3.9（d）和图 3.10（d）]。所以，我们发现当 $k(\xi)$ 和 $\beta(\xi)$ 为相同的分布系数时，解析解的空间和时间的 K 参数在非线性传输过程中为同一个恒定的常数，即激光脉冲的时空陡峭度是恒定不变的。

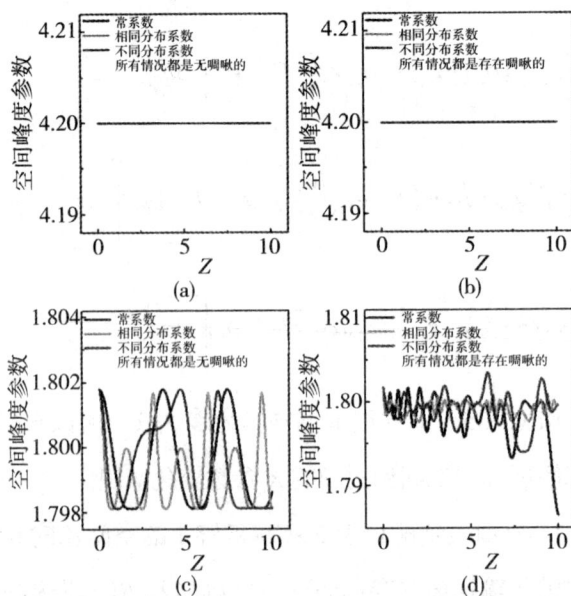

图 3.9　表 3.1 中的解析解 2[（a）和（b）] 和解析解 1[（c）和（d）] 的空间 K 参数随传输距离的变化情况

注：参数设置与图 3.7 一样

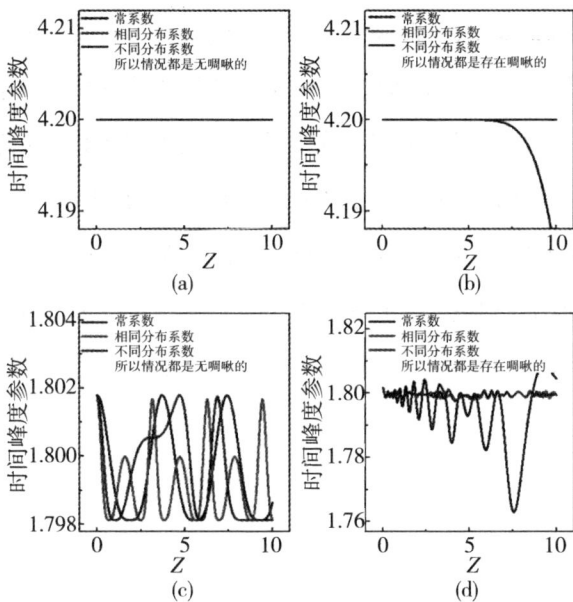

图 3.10 表 3.1 中的解析解 2[（a）和（b）]和解析解 1[（c）和（d）]的时间 K 参数
随传输距离的变化情况

注：参数设置与图 3.7 一样

3.5 本章小结

本章利用强度矩的方法研究了激光脉冲在非均匀的非线性介质中传输时，具有分布系数的（3+1）维 GNLSE 的解析解的时空传输特性，计算了它的时空特征参数，如束宽、脉宽、S 参数和 K 参数，并对解析解的时空传输稳定性进行了详细的分析。研究发现，衍射系数、色散系数和啁啾对解析解的时空传输稳定性都有影响。①当衍射系数和色散系数为相同的分布系数 [$k(\xi) = \beta(\xi) = \cos(\xi)$] 时，无初始啁啾的孤子解的束宽和脉宽沿传输方向为同一恒定的常数，有初始啁啾的孤子解和无论有没有初始啁啾的周期行波解的束宽和脉宽沿传输方向呈现有规律的周期性变化。所以，解析解在这个条件下

73

能够稳定地传输，很小的啁啾对解析解的时空传输特性几乎没有任何影响，即此时激光脉冲能够在非均匀的非线性介质中进行稳定的传输。②当衍射系数和色散系数为常系数 [$k(\xi)=1$ ，$\beta(\xi)=-3$] 以及不同的分布系数 [$k(\xi)=0.5$ ，$\beta(\xi)=\cos(\xi)$] 时，虽然无初始啁啾的孤子解的束宽和脉宽沿传输方向为同一恒定的常数，但是有初始啁啾的孤子解和无论有没有初始啁啾的周期行波解的束宽和脉宽沿传输方向呈现无规律的变化。所以，解析解在这个条件下不能稳定地进行传输，很小的啁啾就会剧烈地影响解析解的时空传输特性，即此时的激光脉冲不能在非均匀的非线性介质中进行稳定的传输。

第 4 章　非线性传输过程中皮秒激光脉冲时空演化的精密测量

4.1　引言

随着超快激光技术的飞速发展，激光脉冲的脉宽从飞秒量级进入阿秒量级，如在紫外和 X 波段已经可以产生短到 10 as（0.01 fs）的超短脉冲。[58] 超短脉冲激光技术在激光通信技术、激光与等离子的相互作用、激光与原子分子的相互作用等方面都有着广泛的应用前景 [57-58]，同时它作为极短的时间探针为人类研究微观世界的超快反应提供了重要的工具，如利用超短激光脉冲技术探测原子和分子的超快化学反应，通过利用超短脉冲来测量长脉冲的时间精细结构，就可知道长脉冲在时域上是否带有调制等。如果长脉冲在时域上带有初始调制，那么这些调制在大型钕玻璃激光系统中传输时就会得到放大和积累，从而使输出后的激光脉冲在时域上具有严重的失真。

在第 1 章中，本书详细地介绍了测量激光脉冲特征参数的各种方法，尤其是测量激光脉冲的时间特性。在这些方法当中，FROG 和 SPIDER 非常适用于测量脉宽 <10 fs 的超短脉冲，并且可以测量出相位的变化。但是，FROG 在测量过程中需要利用复杂的迭代算法来还原待测脉冲的时域形状，并且它只能给出比较近似的脉冲信息，而不能真实描述。SPIDER 在测量过程中不需要复杂的算法，也不需要移动光学元器件，它通过简单的相位还原算法就可以得出待测脉冲的相位信息，但它不能直接给出待测脉冲的脉宽信息，它需要将待测脉冲的测量所得的光谱结果和相位结果相乘，然后对乘积结果做傅里叶变换就可以重构待测脉冲的时域形状和脉宽。总的来说，FROG 和 SPIDER 这两种方法在实际的测量过程中是比较复杂的。强度自相关法原理简单、操作方便，不需要进行复杂的计算，但它只适用于测量脉冲宽度信息，在测量过程中还需要假定待测脉冲的形状，相干强度自相关法虽然能够提供一些相位信息，但是不能直接给出准确的相位信息。强度互相关法的操作原理也简单方便，当探测激光

脉冲的脉宽很短时，互相关曲线可以直接反映待测激光脉冲的时域详细信息，并且可以得到脉宽结果。强度互相关法唯一的缺点就是其测量精度、探测激光脉冲的时域精细信息和脉宽有很大的关联，当探测激光脉冲的时域非常干净并且其脉宽越短时，测量精度就越高。本章基于强度互相关法的原理，搭建了实验平台利用同步的飞秒激光脉冲来测量皮秒激光脉冲在非线性传输过程中的时间脉宽演化规律，并测量了皮秒激光脉冲刚从激光器输出时的时域精细结构。

4.2　理论分析

方便起见，我们假设待测皮秒激光脉冲和飞秒探测激光脉冲的时域形状都为高斯型，光场分布可以表示为

$$I_1(t) = U_{01} \exp\left[-\frac{(2\ln 2)t^2}{T_1^2}\right] \tag{4.1}$$

$$I_2(t) = U_{02} \exp\left[-\frac{(2\ln 2)t^2}{T_2^2}\right] \tag{4.2}$$

其中，U_{01} 和 U_{02} 分别表示待测皮秒激光脉冲和飞秒探测激光脉冲的初始振幅；T_1 和 T_2 分别表示它们的脉宽（半高全宽）。当利用飞秒激光脉冲作为探针来测量皮秒激光脉冲的时域精细结构时，飞秒激光脉冲将逐步扫描皮秒激光脉冲的前沿到后沿，并且这两个脉冲将在非线性晶体中进行互相关作用，其互相关作用示意图如图 4.1 所示。飞秒和皮秒激光脉冲的互相关作用过程可以表示为

$$S_{\text{int CC}}(t) = \int_{-\infty}^{+\infty} I_1(\tau)I_2(t-\tau)\mathrm{d}\tau = I_1(t) * I_2(t) \tag{4.3}$$

其中，$*$ 表示卷积运算。式（4.3）可以利用傅里叶变换方法来求解，因此式（4.3）可以重新表示为

$$S_{\text{int CC}}(t) = \text{IFT}\left\{\text{FT}\left[I_1(t) * I_2(t)\right]\right\} \tag{4.4}$$

其中，FT 表示傅里叶变换；IFT 表示逆傅里叶变换。当飞秒探测激光脉冲的脉宽 T_2 变得非常短时，如为 $\delta(t)$ 冲击函数，即 $I_2(t) \rightarrow \delta(t)$，则式（4.3）就变成如下形式：

$$S_{\text{int CC}}(t) = I_1(t) * \delta(t) = I_1(t) \tag{4.5}$$

由式（4.5）可以明显地看出，当飞秒探测激光脉冲 $I_2(t) = \delta(t)$，互相关曲线就等于待测皮秒激光脉冲形状 [$S_{\text{int CC}}(t) = I_1(t)$]，所以当飞秒探测激光脉冲的脉宽足够短时，互相关曲线能够精确地反映待测皮秒激光脉冲的时域精细信息。

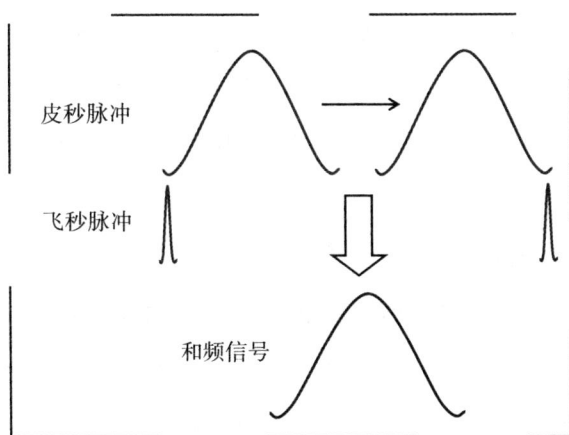

图 4.1 　飞秒激光脉冲与皮秒激光脉冲的互相关作用示意图

根据式（4.3）可知，飞秒激光脉冲和皮秒激光脉冲在互相关作用过程中，当其中一个脉冲时域形状是恒定不变的时，那么互相关曲线将会随另外一个脉冲时域形状的变化而发生变化。如果飞秒探测激光脉冲的时域形状是保持不变的，那么非线性晶体中产生的和频信号将依赖于皮秒激光脉冲的时域形状，从而互相关曲线可以直接反映皮秒激光脉冲的时域精细结构。这里我们假设飞秒激光脉冲的时域形状非常干净和匀滑，而皮秒激光脉冲带有一个余弦调制，式（4.1）可以重新表示为

$$I_1(t) = U_{01} \exp\left[-\frac{(2\ln 2)t^2}{T_1^2} \right] * \left[1 + a_0 \cos\left(\frac{2\pi}{T_0} t \right) \right] \tag{4.6}$$

其中，a_0 表示调制深度；T_0 表示调制时间宽度。将式（4.2）和式（4.1）或者式（4.6）代入式（4.3）中就可以得到互相关曲线结果。

图 4.2 表示飞秒激光脉冲和不带有调制的皮秒激光脉冲的互相关曲线，以及皮秒激光脉冲的强度分布情况。由图可知，当飞秒激光脉冲的脉宽 $T_2 = 100\ \text{fs}$，皮秒激光脉冲的脉宽 $T_1 = 75\ \text{ps}$ 时，它们的互相关曲线与皮秒激光脉冲的强度分布曲线几乎是重叠在一起的，所以此时的互相关曲线能够直接反映出待测皮秒激光脉冲的时域形状。当皮秒激光脉冲的时域形状带有调制时（$T_0 = 12.54\ \text{ps}$），其强度分布曲线和它与不同脉宽（$T_2 = 100\ \text{fs}$ 或者 $T_2 = 1\,000\ \text{fs}$）的飞秒激光脉冲之间的互相关曲线变化情况如图 4.3 所示。由图 4.3 可知，由于皮秒激光脉冲带有调制，其时域形状将变得非常复杂，当飞秒探测激光脉冲的脉宽 $T_2 = 100\ \text{fs}$（$T_2/T_0 \approx 0.008$）时，互相关曲线（红色的虚点线）和待测的皮秒激光脉冲强度曲线（黑色的实线）吻合得非常好，几乎是一模一样；当飞秒探测激光脉冲的脉宽变大 $T_2 = 1\,000\ \text{fs}$（$T_2/T_0 \approx 0.08$）时，互相关曲线（蓝色点线）和待测的皮秒激光脉冲强度曲线（黑色的实线）之间就存在一些差异了。所以，当飞秒探测激光脉冲的脉宽足够短时，利用同步的飞秒激光脉冲是完全可以精密测量皮秒激光脉冲的时域精细结构以及它在非线性介质中传输时的时间演化规律。

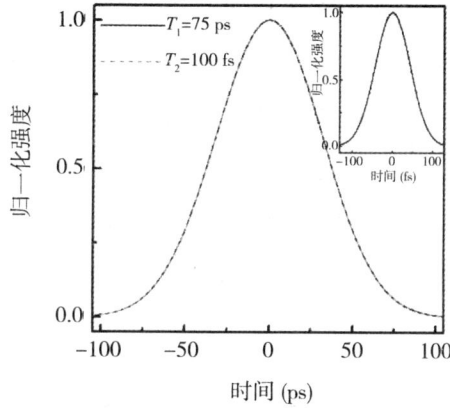

图 4.2　无调制的皮秒激光脉冲强度分布（黑色实线）及其与飞秒激光脉冲的互相关曲线图（红色虚线）

注：插图表示飞秒激光脉冲的强度分布

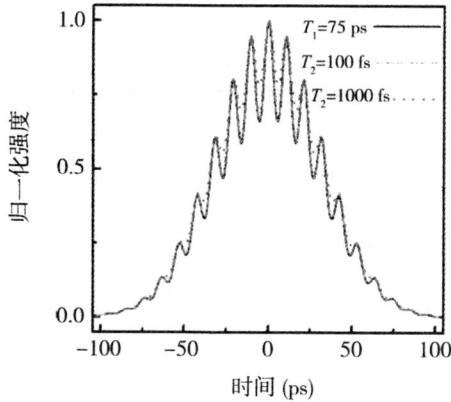

图 4.3　带有余弦调制的皮秒激光脉冲强度分布（黑色实线）及其与不同脉宽飞秒激光脉冲的互相关曲线图（红色虚点线和蓝色点线）

现在我们来分析一下测量过程中的误差情况，误差函数定义为

$$\mathrm{erf}(t)=\left|\int_{-\infty}^{+\infty}\left[S_{\mathrm{int\ CC}}(t)-I_1(t)\right]\mathrm{d}t\right| \tag{4.7}$$

误差函数常常用来分析测量过程中的测量精度，误差值越小表示测量精度就越高。图 4.4 表示飞秒激光脉冲的脉宽为不同值时，误差值随调制时

间宽度 T_0 的变化。在计算误差值时，一些参数假定为 $a_0 = 0.1$ ， $T_1 = 75 \text{ ps}$ ， $T_2 = 50 \text{ fs}$ 、 100 fs 和 300 fs 。由图 4.4 可知，当飞秒探测激光脉冲的脉宽不变时，误差值曲线随调制时间宽度的增加而逐渐减少，然后慢慢地变得非常平坦。尤其，当 $T_0 < T_2$ 时，误差值随 T_0 的增加而迅速减少；当 $T_0 > T_2$ 时，误差值随 T_0 的增加而缓慢减少；当 T_0 不变时，误差值随飞秒探测激光脉冲的脉宽增大而变大。由上述分析可得，强度互相关法的测量精度基本上可以达到飞秒探测激光脉冲的脉宽量级。

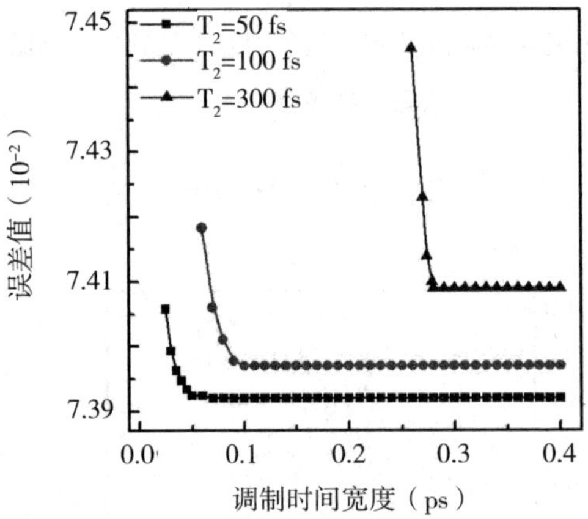

图 4.4　飞秒激光脉冲的脉宽分别为 $T_2 = 50 \text{ fs}$ 、 100 fs 和 300 fs 时，误差值随调制时间宽度 T_0 的变化情况

4.3　实验装置

在进行互相关实验测量之前，飞秒激光器和皮秒激光器的再生放大系统必须要调整到同步状态，它们的再生放大系统同步控制示意图如图 4.5 所示。其中，OSC 为振荡器，RAs 为再生放大系统，PD 为光电探测器，PDG 为可编程的延时产生器，DDG 为数字延时产生器，SDG 为同步的延时产生器，

TR 为触发器，PC 为普克尔盒。飞秒再生放大系统有一个自由运行的重复率为 80 MHz 的种子源振荡器，而皮秒再生放大系统有一个受宽带半导体可饱和吸收体锁模的种子源振荡器，这两个再生放大系统分别可以产生单脉冲能量为 0.5 MJ 和 2 MJ，重复率为 1 kHz 的激光脉冲。飞秒和皮秒再生放大系统要实现精确的同步，主要有两个重要的步骤。①飞秒激光器的振荡器产生一个重复率为 80 MHz 的光信号，该信号经过光电探测器之后就转换成电信号，皮秒激光器中的反馈回路接收到这个电信号后并通过自身的控制来调整其腔长的变化，于是飞秒和皮秒激光器的振荡器就实现了同步；②基于这个 80 MHz 的光信号，皮秒激光器通过分频产生一个 1 kHz 参考信号，该信号用来同时触发飞秒和皮秒激光器的再生放大器，于是飞秒和皮秒激光器的再生放大器也实现了同步。虽然这两台激光器的再生放大器实现了同步，但是它们之间还是存在同步时间抖动情况，如果抖动时间太长就会影响实验结果，陈列尊等人 [209] 测量出飞秒和皮秒激光再生放大器之间的均方根抖动时间大约为 0.66 ps。

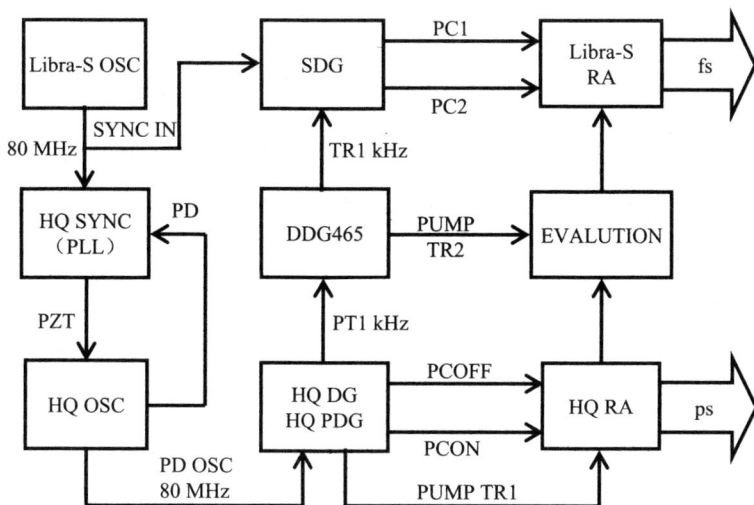

图 4.5　飞秒和皮秒激光再生放大系统的同步示意图

图 4.6 表示实验装置基本示意图。M1 ~ M6 为表面镀膜的平面反射镜，DL 为延迟线，BS 为分束镜，A1 ~ A2 为可调谐中性密度衰减片，BBO 为 β - 硼酸钡晶体。钛宝石飞秒激光器产生一个脉宽为 100 fs，中心波长为 800 nm，重复率为 1 kHz 的探测脉冲，HQ 皮秒激光器产生一个脉宽为 75 ps，中心波长为 1 054 nm，重复率为 1 kHz 的待测激光脉冲（泵浦激光脉冲）。飞秒探测激光脉冲分别经过反射镜 M1、延迟线、望远镜和反射镜 M4 之后与待测皮秒激光脉冲在厚度为 0.5 mm 的 BBO 晶体中进行互相作用。飞秒激光脉冲和待测皮秒激光脉冲在非线性晶体进行小角度和频作用后产生一个波长为 455 nm 的和频信号光，利用光电探测器和示波器来探测这个和频信号光，然后通过调节延迟单元，飞秒激光脉冲可以逐步地扫描整个待测皮秒激光脉冲，从而可以得到它们的互相关曲线，于是就可以得到待测皮秒激光脉冲的初始时域精细信息以及它经过非线性介质 C_S2 传输后的时域演化情况。CCD Camera 用来测量皮秒激光脉冲经过 C_S2 后的空间光强分布情况，其中光斑分析仪为 Coherent 公司生产的 Laser Cam-HR 型，它的分辨率为 $6.7\mu m \times 6.7\mu m$，点阵为 1 280 × 1 024 像素，从分束镜 BS 到 CCD 的距离与从分束镜 BS 到 BBO 晶体的距离是相等的。通过光电探测器、示波器和 CCD 的测量结果就可以知道皮秒激光脉冲在非线性介质传输过程中的时空演化情况。由于皮秒激光脉冲的光斑直径比飞秒激光脉冲的光斑直径要小，为了测量过程中使它们的光斑大小能够匹配，所以利用望远镜对皮秒激光脉冲进行了扩束。

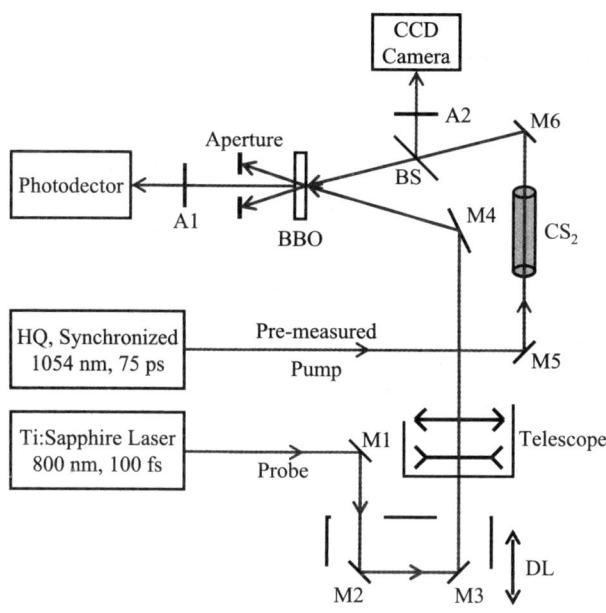

图 4.6　实验装置示意图

4.4　实验结果及分析

在小尺度自聚焦过程中，当激光光束的初始空间强度带有很小的调制时，小尺度自聚焦效应会使调制变得越来越强烈，从而引起光束形状发生严重的畸变。同理，当激光脉冲的初始时域形状带有微扰调制时，脉冲在介质中传输时，非线性效应同样会使时间调制变得越来越强烈，从而引起激光脉冲的时域变形和失真。特别在大型的高功率固体激光系统中，时域带有初始调制的激光脉冲，经过系统传输后，时间调制会不断得到积累和增强，从而使激光脉冲光束质量（时间特性）变坏，甚至发生严重畸变，所以精密测量激光脉冲的初始时域精细结构是非常有必要的。

4.4.1　初始时域精细结构

如果激光脉冲的初始时域形状带有微小的调制，那么这些调制经过高功率激光系统后会得到增强，从而使激光脉冲在时域上严重失真，所以在激光脉冲刚刚从激光器中输出时，就必须知道它的时域精细结构。现在利用图4.6 所示的实验装置来测量皮秒激光脉冲初始时刻（刚刚从 HQ 皮秒激光器中输出）的时域精细结构，也就是说先不要放置图 4.6 中的 CS_2 非线性介质，只让它线性传输后再与飞秒脉冲在 BBO 晶体中进行互相关作用，实验所得互相曲线结果如图 4.7（a）所示。在测量过程中，假设飞秒探测激光脉冲的脉宽为 100 fs，并且它的时域形状非常干净匀滑。由图 4.7（a）可知，互相关曲线比较干净匀滑，而根据 4.2 节的理论分析可知，当飞秒探测激光脉冲的脉宽很短时，互相关曲线能够精确地反映待测皮秒激光脉冲的时域精细结构，所以从 HQ 皮秒激光器中输出的皮秒激光脉冲时域形状是比较干净匀滑的。另外，从图 4.7（a）可得到互相关曲线的半高全宽为 75.2 ps，根据公式 $\Delta t_{\text{int CC}}^2 = \Delta t_1^2 + \Delta t_2^2$ 即可得到待测皮秒激光脉冲的脉宽，其中 $\Delta t_{\text{int CC}}$ 表示互相关曲线的半高全宽， Δt_1 和 Δt_2 分别表示飞秒探测激光脉冲和待测皮秒激光脉冲的半高全宽。现在已知 $\Delta t_1 = 100$ fs 和 $\Delta t_{\text{int CC}} = 75.2$ ps ，将这两个数据代入上述公式中得到待测皮秒激光脉冲的脉宽为 75.2 ps 。为了与互相关实验结果进行对比，于是对待测皮秒激光脉冲又进行了自相关实验，自相关曲线结果如图 4.7（b）所示。由图 4.7（b）可得，自相关曲线的半高全宽为 73.8 ps，该结果与互相关方法所测量的结果基本上一致，但是从自相关曲线上不能看出皮秒激光脉冲的时域精细结构。另外，在实验中所使用的 BBO 晶体厚度非常薄，只有 0.7mm ，并且飞秒激光脉冲与皮秒激光脉冲互相关作用所产生的和频信号光的光谱没有出现明显的窄化现象，所以群速度失配效应对实验测量结果基本上没有什么影响。

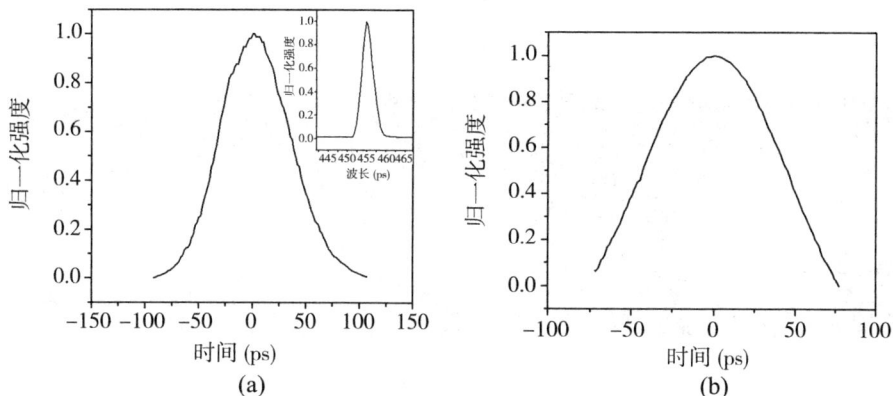

图 4.7　飞秒探测激光脉冲与待测皮秒激光脉冲的互相关曲线以及待测皮秒激光脉冲的
自相关曲线

注：插图表示 455nm 和频信号光谱图

4.4.2　非线性传输过程中的时空演化特性

我们先来研究皮秒激光脉冲在不同长度的非线性介质 CS_2 中传输时，其空间强度变化过程，在整个实验过程中，激光脉冲的输入能量约为 2 mJ，对应的峰值功率为 26.68 kW。图 4.8 所示是皮秒激光脉冲传输经过不同长度（1 cm、5 cm 和 10 cm）的非线性介质后的空间光强分布情况。CS_2 的自聚焦临界功率为 1.9 kW，输入的峰值功率已经大于自聚焦的临界功率，所以此时的皮秒激光脉冲在 CS_2 非线性介质传输时肯定会产生自聚焦效应。由图 4.8 可知，尽管皮秒激光脉冲的初始光强带有许多随机噪声调制，但是皮秒激光脉冲分别经过 1 cm、5 cm 和 10 cm 后，空间的噪声调制并没有出现明显的增长，所以小尺度自聚焦效应不是很明显。

为了进一步比较带有随机噪声调制的皮秒激光脉冲传输不同长度的非线性介质后，其空间噪声的强度变化情况，选取了激光中心位置的剖面强度分布曲线来进行比较，如图 4.9 所示。由图 4.9 可知，三个不同传输距离下的归一化高斯拟合曲线基本一致，说明此时的皮秒激光脉冲经过这三个不同长度的 CS_2 非线性介质后并没有产生明显的整体自聚焦效应。

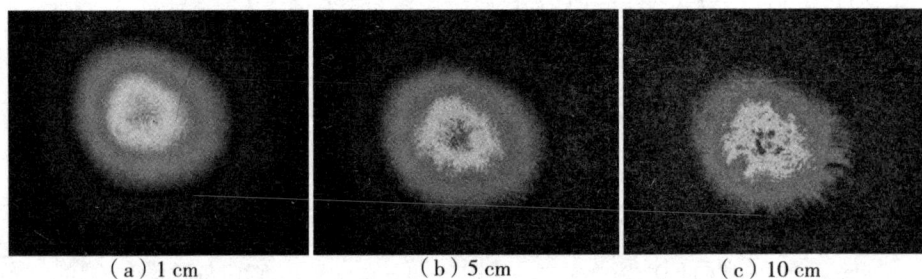

(a) 1 cm　　　　　　(b) 5 cm　　　　　　(c) 10 cm

图 4.8　皮秒激光脉冲传输经过不同长度的 CS_2 非线性介质后的空间强度分布

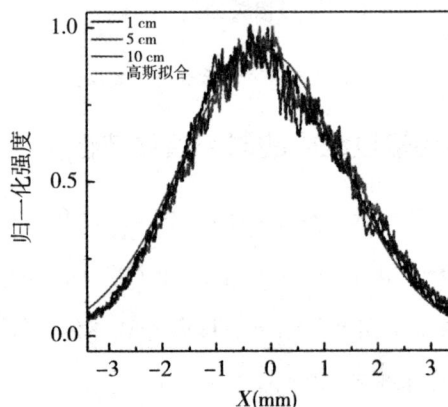

图 4.9　皮秒激光脉冲传输经过不同长度的 CS_2 非线性介质后的空间强度剖面图

注：其中绿色曲线表示高斯拟合结果

现在利用图 4.6 所示的实验装置图来测量皮秒激光脉冲经过不同长度的非线性介质后的时间变化情况，实验结果如图 4.10 所示。由图 4.10 可知，当 CS_2 的长度为 1 cm 时，互相关曲线的半高全宽约为 75 ps，这与没有 CS_2 时的互相关曲线 [图 4.7（a）] 结果基本一样，并说明了此时的自聚焦效应非常不明显。随着 CS_2 的长度增加，互相关曲线出现轻微的变窄现象，说明此时的皮秒激光脉冲在空间上出现了轻微的自聚焦效应。因为自聚焦效应将远离激光

中心位置的能量转移到中心位置处，从而导致了激光脉冲在空间和时间上被
压缩。

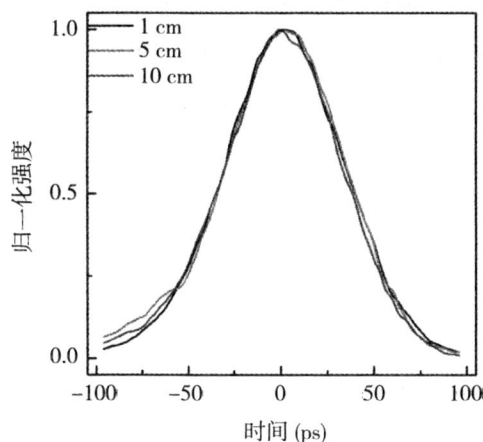

图 4.10　皮秒激光脉冲传输经过不同长度的 CS$_2$ 非线性介质后与飞秒激光脉冲的互相
关曲线图

4.5　本章小结

　　本章基于强度互相关原理提出利用同步飞秒激光脉冲来测量皮秒激光脉
冲的初始时域精细结构，以及它经过不同长度的非线性介质之后的时空演化情
况。先从理论上分析了该测量方法的正确性、可行性，以及测量精度，发现该
方法能够测量时域形状具有复杂结构的皮秒脉冲，并且当飞秒探测激光脉冲的
脉宽越短时，测量误差值就越小，测量精度就越高。然后，通过实验验证了该
方法的正确性和可行性，利用同步的 Ti:sapphire 激光器输出的飞秒激光脉冲
测量了 Nd:YLF 激光器输出的皮秒激光脉冲的时域精细结构，并测量了皮秒激
光脉冲传输经过不同长度的非线性介质后的时空变化情况，发现 Nd:YLF 激光

器输出的皮秒激光脉冲时域形状是比较干净匀滑的，当它传输经过的非线性介质长度增大时，其时域形状就出现了轻微的窄化现象，同时由于实验中所使用的 BBO 晶体非常薄，所以群速度色散几乎不影响测量结果。只要有合适的 CCD Camera，该方法也可以用于测量中红外激光脉冲非线性传输过程中的时空演化。

第 5 章　非线性传输过程中飞秒激光脉冲时空演化的精密测量

5.1　引言

近十几年来，随着超快激光技术的快速发展，人们已经能够获得高功率的时间脉宽量级从几个飞秒到几百飞秒的超短激光脉冲。因此，这种高功率超短激光脉冲在非线性介质传输过程中会产生各种非常有趣的时空非线性效应，如自聚焦效应、成丝、脉冲塌陷、脉冲分裂、超连续、自陡峭效应、四波混频效应、受激拉曼效应和高阶色散效应等。在上述各种非线性效应中，特别是超短激光脉冲的自聚焦效应，研究者表现出极大的兴趣，并在理论和实验上对超短激光脉冲在自聚焦过程中的时空演化特性进行了广泛的研究。[38-55] 在研究连续光束的自聚焦效应时，人们将它分为整体自聚焦和小尺度自聚焦 [155]，对超短激光脉冲的自聚焦效应也可以从整体自聚焦和小尺度自聚焦两个方面进行研究，即激光脉冲的整体传输行为和激光脉冲的调制不稳定性。目前对超短激光脉冲在整体自聚焦过程中的时空演化特性已经研究得比较清楚了，当超短激光脉冲产生整体自聚焦时，自聚焦效应将离轴的激光能量转移到脉冲的峰值位置附近，从而导致激光脉冲的空域和时域被压缩。[87] 激光脉冲峰值强度的增加导致了 SPM 过程增强，当激光脉冲的空间峰值强度继续增加时，SPM 过程也就继续增大，从而产生了许多新的频率成分。当非线性介质的色散系数为正时，SPM 和正常群速度色散联合作用将能量扩散到远离脉冲中心的地方，促使脉冲产生分裂。

对于实际的高功率固体激光系统，自聚焦，尤其小尺度自聚焦，它是降低激光系统的输出光束质量和输出功率的最主要因素之一。当激光光束的初始空间强度分布不均匀时，在整体自聚焦发生之前就已经明显地产生了小尺度自聚焦效应，从而导致了激光光束的空间强度迅速增大。随后，激光光束的空间剖面分裂成强度增长区域（intensity increasing zone，IZ）和强度非增长区域（intensity non-increasing zone，NIZ），强度增长区域的空间强度随小尺度自聚焦效应的增强而迅速增加，而强度非增长区的小尺度自聚焦效应非常弱，所以它的空间强度基本保持不变。Bespalov 和 Talanov[88] 最早从理论方面解析了小尺度自聚焦现象，并且提出了经典的 B-T 理论，即调制不稳定性理论（modulation instability, MI）。当入射到非线性介质的激光脉冲的输入功率足够大时，由于空间调制不稳定性，带有初始强度调制的激光光束将分裂成多路成丝。最近，人们研究超短激光脉冲在不同的非线性介质中传输时，无论是气体介质 [210]、透明液体介质 [211] 还是固体介质 [212]，都能明显地观察到超短激光脉冲的多路成丝现象。当激光光束的不同空间位置形成许多细丝时，研究者对不同细丝之间的竞争、细丝与本底波之间的能量转移、细丝与细丝之间的能量转移、细丝的空间演化规律，以及多路细丝的控制等问题进行了比较深入、广泛的研究。[43-44][210-214] 在激光光束的不同空间位置形成多路细丝之前，人们对小尺度自聚焦的研究一般只是关注激光脉冲在小尺度自聚焦过程中的空间演化特性，并通过改变一些条件（如入射激光脉冲的光强、脉宽和啁啾等）来研究这些条件对小尺度自聚焦效应的影响。例如，章礼富等人 [104] 在实验上详细地研究了脉冲啁啾对空间小尺度自聚焦效应的影响，发现随着激光脉冲的啁啾增大，空间对比度（最大值 / 平均值）曲线首次达到最大值的位置将往后移，即此时的 B 积分值也就增大了，所以通过控制脉冲的啁啾可以在一定程度上抑制小尺度自聚焦的发生。人们对激光脉冲小尺度自聚焦过程中时间演化的研究比较少，最近也有人从理论方面研究了超短激光脉冲小尺度自聚焦过程中不同空间位置的时间演化规律 [105-106]，发现调制峰处的时间脉宽随传输距离的增加而慢慢变窄，调制谷处的时间脉宽随传输距离的增大而逐渐展宽，但是人们还没有在实验上测量出激光脉冲不同空间位置的时间演化规律，即不同空间位置的时间脉宽演化是如何受到相应的空间参数特性影响的。所以，为了更好地研究和理解超短激光脉冲的强非线性效应，详细研究小尺度自聚焦过程中不同空间位置的时间演化是非常必要的。

本章基于实验详细研究了超短激光脉冲在小尺度自聚焦过程中的时空演化特性。根据单次自相关和互相关原理，搭建了合适的实验平台，并测量了无初始啁啾和带有初始啁啾的超短激光脉冲在非线性介质中传输时，其强度增长区和强度非增长区的时间脉宽变化过程。

5.2　实验装置

图 5.1 是实验装置示意图。激光光源为商用钛宝石再生放大系统（型号：Coherent Libra S），该光源可以输出中心波长为 800 nm、最短脉宽大约为 100 fs、重复率为 1 KHz、带宽为 12 nm、光斑直径大约为 4 mm 的超短激光脉冲。由图 5.1 可知，准直的激光脉冲经过分束镜 BS1（beam splitter，BS）之后分成能量不等的两路光脉冲，其中能量较高的那路激光脉冲作为泵浦光，并用它做非线性传输，而能量较低的那路激光脉冲作为探测光，并利用它来探测泵浦光经过非线性传输之后的时间变化。泵浦光脉冲经过非线性介质传输以后与探测光脉冲在 BBO 晶体（$7 \times 7 \times 0.7$ mm³）中进行小角度的和频作用，并产生中心波长为 400 nm 的和频信号光。根据单次自相关原理（SSA），先假设激光的空间分布是均匀的，然后将基频光的脉宽测量转换到测量其二次谐波的空间分布，也就是说将时间的测量转换到空间测量。当激光的空间分布是高斯型或者双曲正割型，即此时的空间不是均匀分布的，SSA 方法通过修正以后还是适用的。在实验测量过程中，根据 SSA 方法的一个典型特征，即二次谐波信号（和频信号光）的空间宽度可以直接反映基频信号光的时间脉宽变化，利用一个光电耦合器件 CCD1（分辨率：1280×1280 PPI）来直接测量和频信号光，也就是说利用 CCD1 来间接测量基频泵浦光脉冲经过非线性介质传输之后的时间演化过程。同时，利用另一个光电耦合器件 CCD2 来直接测量基频泵浦光脉冲经过非线性介质传输之后并到达 BBO 晶体前表面时的空间演化过程，所以从分束镜

BS2 到 BBO 晶体的光程与从分束镜 BS2 到 CCD2 的光程是完全相等的。在实验中选用 CS_2 作为非线性介质，主要原因是它的非线性折射率系数很大，约为（3 ± 0.6）$10^{-15}cm^2W^{-1}$。[215] 通过调节衰减片 A1 就可以得到不同的输入功率，从而可以进行不同功率条件下的非线性传输实验，衰减片 A2 和 A3 的作用主要是防止激光损伤 CCD 器件。在实验过程中，利用一个可调谐狭缝来控制探测光脉冲，探测脉冲经过狭缝之后的空间形状为 sinc 函数分布 [216]，如图 5.2 所示。从图 5.2 可以看出，随着狭缝宽度慢慢增大，探测激光脉冲的主瓣宽度慢慢变窄，同时它的旁瓣慢慢变大。当狭缝宽度小于 0.67 mm 时，虽然探测激光脉冲的旁瓣非常小，但是它的主瓣没有达到最窄；当狭缝宽度为 0.67 mm 时，此时的探测激光脉冲主瓣分布变得非常窄，同时它的旁瓣比较弱，旁瓣对测量结果的影响也很小；当狭缝宽度大于 0.67 mm 时，虽然探测激光脉冲的主瓣会有一点变窄，但是它的旁瓣会变得非常大，旁瓣对测量结果的影响也很大。所以，在整个实验测量过程中，为了使探测激光脉冲的主瓣变得很窄，使它的旁瓣很小，几乎不影响测量结果，于是将狭缝的宽度调整为 0.67 mm。

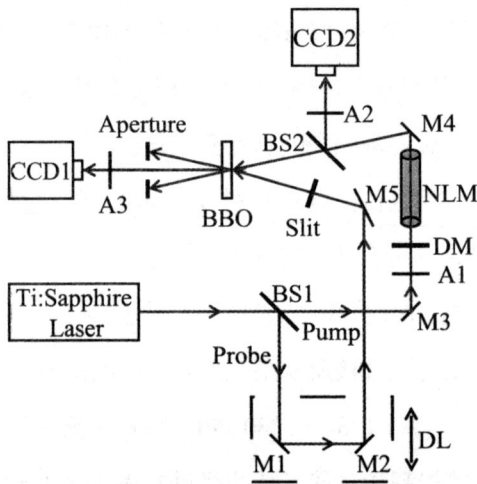

图 5.1 实验装置示意图

M1 ～ M5——表面镀银的平面反射镜；BS1 ～ BS2——分束镜；DL——延迟线；BBO——β－硼酸钡晶体；A1 ～ A3——可调谐中性密度衰减片；DM——不同的衍射调制物；NLM——非线性介质

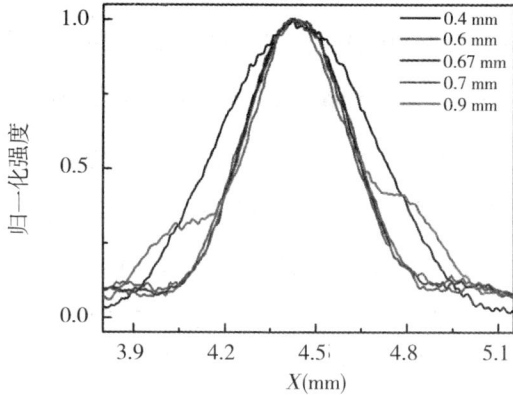

图 5.2　探测激光脉冲经过不同宽度的狭缝之后的空间分布

5.3　测量过程分析

图 5.3 所示是探测激光脉冲在横向和纵向两个方向逐步探测泵浦激光脉冲的示意图，其测量步骤如下。

（1）将可调谐狭缝垂直放置，探测激光脉冲经过可调谐狭缝以后，在空间上会产生衍射条纹。通过调节狭缝的宽度，使探测激光脉冲经过狭缝后的中间主条纹空间分布最窄，边上的次级条纹很弱，并且此时的光强最强。探测激光脉冲经过可调谐狭缝后的空间形状变成非常尖的椭圆，如图 5.3（a）所示。

（2）启动邻近可调谐狭缝的反射镜 M5（放在电动旋转电动平移台），使探测激光脉冲可以左右扫描泵浦激光脉冲。

（3）同时启动精密探测仪器 CCD1 和 CCD2，分别用来直接测量泵浦激光脉冲经过非线性介质之后与探测激光脉冲在 BBO 晶体中产生的和频信号光，以及泵浦激光脉冲到达 BBO 晶体前表面的空间分布。由于和频光可以直接反映泵浦激光脉冲经过非线性介质传输之后的时间变化，于是泵浦激光脉冲经过

97

非线性介质之后的左右空间域中的时间变化过程可以被精密测量。

（4）将可调谐狭缝水平放置，同样调节狭缝的宽度，使探测激光脉冲经过狭缝后的中间主条纹空间分布最窄，边上的次级条纹很弱，并且此时的光强最强，如图 5.3（b）所示。重复步骤（2）和步骤（3），泵浦激光脉冲经过非线性介质之后的上下空间域中的时间变化过程就可以被精密测量。

所以，经过上述步骤（1）～步骤（4）后，高功率超短激光脉冲经过非线性介质传输之后的全空域中的时空演化过程可以被精密测量。

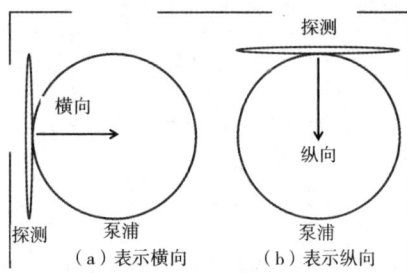

图 5.3　探测激光脉冲逐步探测泵浦激光脉冲示意图

5.4　线性传输过程中全空域中不同位置的时空特性测量

图 5.4 所示展现了实验测量超短激光脉冲横向不同位置的空间特性，此时的可调谐狭缝是垂直放置的。由图 5.4（a）可知，由于实验过程中使用的调制物为十字细丝，所以泵浦激光经过衍射后的图样是呈现中心对称的正方形，并且向外扩散。图 5.4（b）表示泵浦激光脉冲经过衍射后的横向空间强度分布，以及探测激光脉冲经过 0.67 mm 狭缝后的横向空间强度分布。由图 5.4（b）可以明显看出，探测激光脉冲的主瓣宽度比泵浦激光脉冲的任何一个调制峰都要宽，因此当它们在 BBO 晶体中进行互相关作用时，互相关信号能够准确地反映泵浦激光脉冲的横向空间分布特性。图 5.4（c）表示逐步探测泵浦激光脉冲横向空间分布的实验结果，该图基本上反映出泵浦激光脉冲横向调制峰的特

性，与图 5.4（a）中的横向空间分布基本一致。由于实验中的 BBO 晶体不是很大，以及泵浦激光脉冲的边缘空间强度非常弱，所以图 5.4（c）没有反映出泵浦激光脉冲的边缘空间特性。当可调谐狭缝水平放置时，同样可以测量出泵浦激光脉冲的纵向空间分布特性。所以，利用图 5.4 所示的实验方案，就可以测量出超短激光脉冲全空域中的不同位置的空间分布特性。

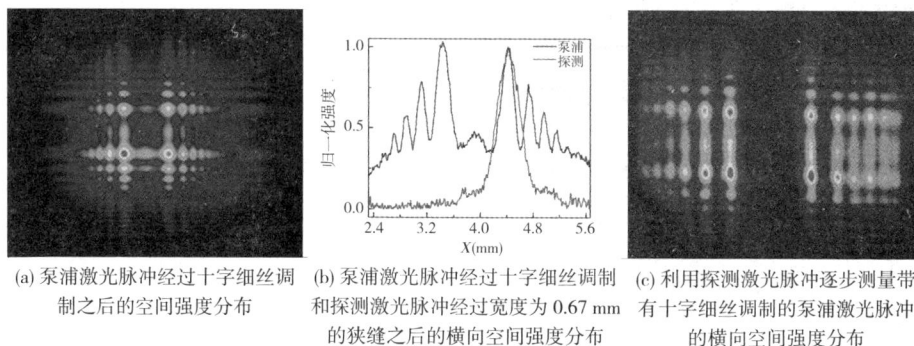

(a) 泵浦激光脉冲经过十字细丝调制之后的空间强度分布

(b) 泵浦激光脉冲经过十字细丝调制和探测激光脉冲经过宽度为 0.67 mm 的狭缝之后的横向空间强度分布

(c) 利用探测激光脉冲逐步测量带有十字细丝调制的泵浦激光脉冲的横向空间强度分布

图 5.4　泵浦激光脉冲经过十字细丝调制之后的空间强度分布及改进的 SSA 测量横向空间结果图

无论 SSA 方法还是先进的 FROG 和 SPIDER 方法，它们在测量超短激光脉冲的时间脉宽时，都是将激光的空间看成一个整体，认为所有空间点上的时间脉宽都是相等的，但由于超短激光脉冲的空间强度是不均匀分布的，其波前不同位置的脉宽本身就不一样，所以在研究超短激光脉冲的非线性传输时，非常有必要研究不同空间位置的时间演化情况。图 5.5 表示实验测量的刚从 Libra S 激光器中输出的超短激光脉冲不同空间位置的时间脉宽变化情况。在实验过程中，为了空间定位的方便，对超短激光脉冲加了一个 1 字细丝调制，其空间光斑分布如图 5.5（a）所示。接着就在实验中测量超短激光脉冲横向空间 [图 5.5（a）中的箭头 A 和 B 之间] 上不同位置的时间脉宽变化，结果如图 5.5（b）所示。在实验过程中，以图 5.5（a）中箭头 P1 为初始点，然后在左右空间每次平移 0.313 mm，这样就可以测量出箭头 A 和 B 之间不同空间位置的时间脉宽。图 5.5（a）中的箭头 P1、P2 和 P3 所指的横向空间位置所对应的时间脉宽如图 5.5（b）中的 P1（95 fs）、P2（106 fs）和 P3（100 fs）。所以，根据图 5.5 可知，刚从激光器中输出的超短激光脉冲，其空间不同位置的时间脉宽是不一样的，因此 5.5 小节将详细研究非线性传输过程中不同空间位置的时间脉宽演化。

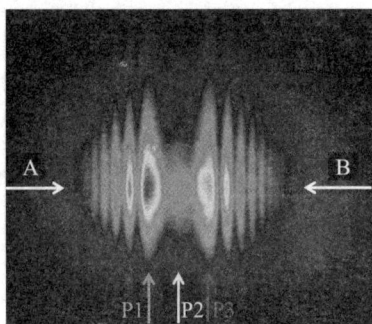

(a) 泵浦激光脉冲经过 1 字细丝调制之后的空间强度分布

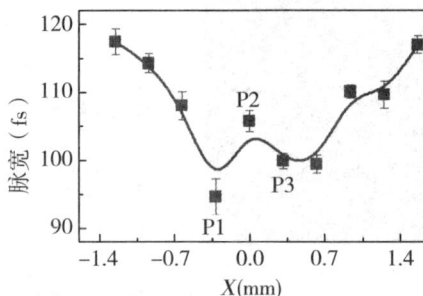

(b) 泵浦激光脉冲不同空间位置（箭头 A 和 B 之间）的时间脉宽变化，红色的带有误差值的正方形表示实验结果，红色的实线表示拟合结果

图 5.5　泵浦激光脉冲经过 1 字细丝调制之后的空间强度分布及实验测量的横向不同空间位置的时间脉宽值

5.5　小尺度自聚焦过程中的空间演化规律

5.5.1　随机噪声调制

这里研究变换极限激光脉冲（脉宽约为 105 fs）在随机噪声调制情况下的空间变化过程。在实验过程中保持 CS_2 非线性介质的长度为 10 cm 恒定不变，只改变输入平均功率。图 5.6（a）～图 5.6（c）表示不同输入平均功率条件下（1 mW、10 mW 和 30 mW），带有随机噪声调制的飞秒激光脉冲传输经过 10 cm CS_2 非线性介质后的空间强度分布。由图 5.6(a)～图 5.6(c) 可以看出，

随着输入的平均功率不断增加，空间特定的噪声出现了明显的增长，即发生了明显的小尺度自聚焦效应。当输入平均功率为 1 mW 时，空间强度分布非常均匀，所以小尺度自聚焦效应不明显，如图 5.6（a）所示。当输入的平均功率增大到 10 mW 时，小尺度自聚焦效应开始慢慢增强，空间的某些特定位置出现了明显的增长，如箭头 P1 所指的位置，空间强度分布开始变得不均匀，如图 5.6（b）所示。当输入的平均功率进一步增加时（30 mW），出现了许多新的调制增长点，同时 P1 点的空间强度获得了极大增长，所以产生了明显的小尺度自聚焦效应，最终将导致光束在空间上分裂成许多细丝。

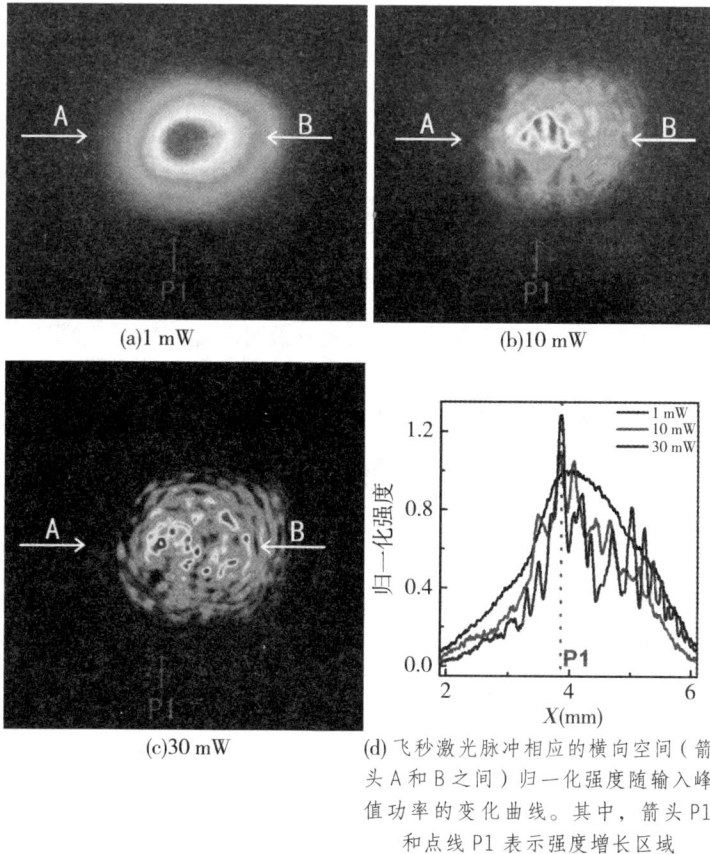

(a)1 mW

(b)10 mW

(c)30 mW

(d)飞秒激光脉冲相应的横向空间（箭头 A 和 B 之间）归一化强度随输入峰值功率的变化曲线。其中，箭头 P1 和点线 P1 表示强度增长区域

图 5.6　随机噪声调制情况下，不同输入平均功率的飞秒激光脉冲经过 10cm CS$_2$ 非线性介质后的空间强度分布

为了进一步比较带有随机噪声调制的皮秒激光脉冲传输不同长度的非线性介质后，其空间噪声的强度变化情况，选取了激光中心位置的剖面强度分布曲线来进行比较，如图 4.9 所示。由图 4.9 可知，三个不同传输距离下的归一化高斯拟合曲线基本一致，说明此时的皮秒激光脉冲经过这三个不同长度的 CS_2 非线性介质后并没有产生明显的整体自聚焦效应。

为了更好地描述空间噪声的增长过程，我们记录了在随机噪声调制情况下，不同输入平均功率的飞秒激光脉冲经过 10 cm CS_2 后的空间对比度（峰值 / 平均值）变化，如图 5.7 所示。由图 5.7 可知，随着输入功率的逐渐增加，对比度值慢慢变大，当功率增加到一定的值时（黑色实线所指的功率值），再继续增大功率，可以发现对比度开始出现振荡。这说明在输入功率刚刚开始增加的时候，光束空间某个特定的噪声（P1 位置）开始出现增长，随着输入功率进一步增加，P1 位置的噪声增长得越来越明显，如图 5.6（d）所示。当输入功率再进一步增加时（黑色实线所指的功率值），P1 位置开始出现分裂，空间其他位置的噪声出现了明显的增长，此时计算对比度的峰值强度已经不再是 P1 点的峰值强度，而是空间其他最快增长点的峰值强度，从而导致对比度曲线呈振荡变化。

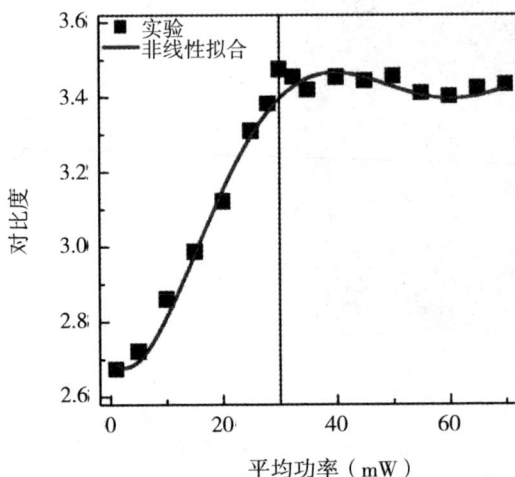

图 5.7　随机噪声调制情况下，空间对比度随输入平均功率的变化

5.5.2　狭缝调制

（1）无初始啁啾情形

在 5.4.1 小节中讨论了飞秒激光脉冲带有随机噪声调制时，经过非线性传输后其空间强度变化规律。由于在实际的高功率激光系统中，各种元器件的大小是有限口径的，所以当激光在系统中传输时，由于空间衍射效应的影响，激光的空间强分布就会产生小尺度调制，导致其空间强度分布不均匀，从而使激光在传输过程中很容易发生小尺度自聚焦效应。现在我们研究狭缝宽度为 3.2 mm 时，即图 5.1 中的衍射调制物（DM）为狭缝，不同输入峰值功率条件下的无啁啾飞秒激光脉冲传输经过 10 cm CS_2 非线性介质后的空间强度分布，如图 5.8（a）～图 5.8（c）所示。由图 5.8（a）～图 5.8（c）可以看出，由于是狭缝衍射，所以光束的中心衍射条纹比较细，两边的条纹比较粗，随着输入的峰值功率不断增加，空间某些特定的衍射调制出现了明显的增长，也就是说发生了明显的小尺度自聚焦效应。当输入的峰值功率为 19 MW，此时的衍射条纹非常规则，箭头 P1 所指示的衍射条纹并没有出现明显的增长，所以 P1 区域的小尺度自聚焦效应非常不明显，如图 5.8（a）所示。这里我们采用的峰值功率定义是 $P_{peak} = P_{average}/(T \cdot \text{repetition rate})$，其中 $P_{average}$ 表示平均功率，利用 Coherent 公司所生产的激光能量计（型号：3SIGMA）来测量，T 表示整个光束的初始脉宽（半高全宽），利用 Femtochrome 公司生产的商用自相关仪（型号：FR-103MN）来测量，测量所得脉宽为 105 fs，重复率（repetition rate）为 1 KHz。当输入的峰值功率增加到 190 MW 时，P1 位置的调制开始出现增长，因此 P1 区域的小尺度自聚焦效应也开始慢慢变强，如图 5.8（b）所示。当输入的峰值功率达到 240 MW 时，P1 位置的调制增长得越来越明显，说明 P1 区域的小尺度自聚焦效应变得越来越强，如图 5.8（c）所示。综合图 5.8（a）至图 5.8（c）可知，当输入的峰值功率从 19 MW 增加到 240 MW 时，P1 位置的衍射调制变得越来越强，所以 P1 区域的小尺度自聚焦效应也变得越来越强大。然而，当输入的峰值功率从 19 MW 增加到 240 MW 时，P2 位置的衍射调制基本上没有出现增长，因此 P2 区域的小尺度自聚焦效应非常弱。

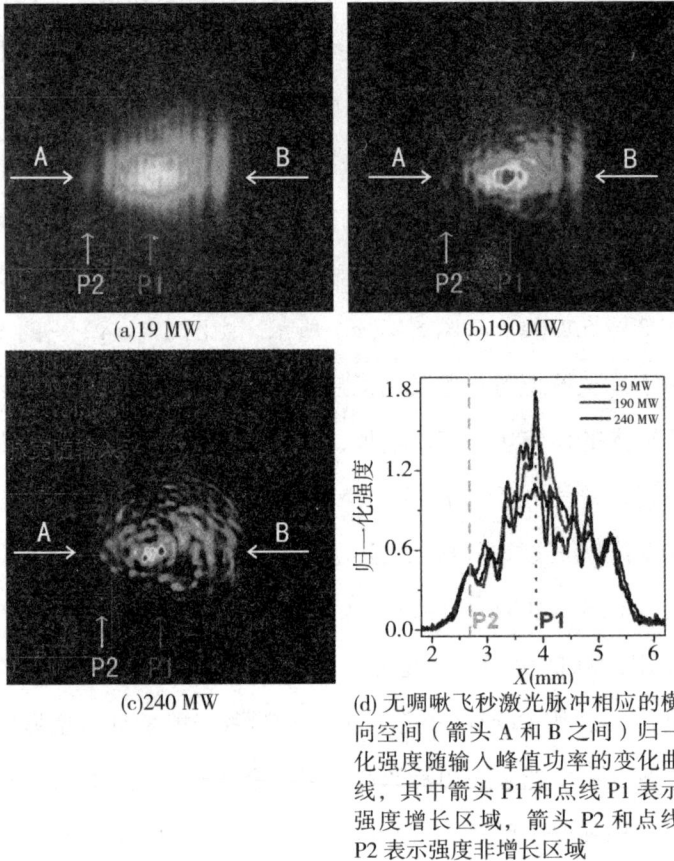

(a)19 MW

(b)190 MW

(c)240 MW

(d) 无啁啾飞秒激光脉冲相应的横向空间（箭头 A 和 B 之间）归一化强度随输入峰值功率的变化曲线，其中箭头 P1 和点线 P1 表示强度增长区域，箭头 P2 和点线 P2 表示强度非增长区域

图 5.8　狭缝宽度为 3.2 mm 时，不同输入峰值功率的无啁啾飞秒激光脉冲经过 10 cm CS$_2$ 非线性介质后的空间强度分布

为了进一步比较不同输入峰值功率条件下，带有狭缝衍射调制的无啁啾飞秒激光脉冲经过相同长度的非线性介质传输后的空间强度演化规律，取箭头

A 和 B 之间的横向剖面强度分布曲线来进行比较，如图 5.8（d）所示。由图 5.8（d）可以明显看出，随着输入的峰值功率增加，局部空间峰值强度出现了迅速增加，所以飞秒激光脉冲发生了明显的小尺度自聚焦效应，而不是整体自聚焦效应。在实验过程中，红色的点线 P1 位于强度增长区域，所以当然输入的峰值功率从 19 MW 增加到 240 MW 时，P1 位置空间峰值强度增大了 1.8 倍。绿色的虚线 P2 位于强度非增长区域，所以随着输入的峰值功率不断增大，P2 位置的空间峰值强度基本保持不变。由于 P1 区域发生了明显的小尺度自聚焦效应，它将激光的能量搬移到强度增长区域（P1 区域），从而导致 P1 位置的空间峰值强度迅速增加。又由于激光的能量是有限的，并且在实际的传输过程中存在损耗，所以 P1 位置的空间峰值强度不能无限增长，同时由于 P1 位置的空间峰值强度不够强而不能导致 P1 区域出现脉冲分裂。所以，在整个实验过程中，没有观察到脉冲分裂现象，但是可以详细地测量出 P1 区域的脉冲压缩过程，如图 5.11（b）所示。由于 P2 区域的小尺度自聚焦效应非常弱，所以 P2 位置的空间峰值强度基本上保持不变。

区域对比度可以用来直接描述小尺度自聚焦过程中超短激光脉冲的空间演化情况，这里我们定义区域对比度为 $C_{\text{zone}} = P_{\text{peak}} / P_{\text{average}}$ ，其中 P_{peak} 表示某个区域的局部空间峰值强度， P_{average} 表示整个光束的平均光强。P1 区域的对比度曲线（ $C_{\text{P1-zone}} = P_{\text{P1}} / P_{\text{average}}$ ）如图 5.11（b）中的蓝色实心圆所示。由于小尺度自聚焦效应的影响， $C_{\text{P1-zone}}$ 随输入峰值功率的增大而迅速增加，但是当输入峰值功率达到一定值后， $C_{\text{P1-zone}}$ 开始慢慢变得饱和，产生该现象的原因是光束的能量是有限的，从而就限制了 P1 区域峰值强度的无限增长。

基于线性理论[88]，分析小尺度自聚焦过程中飞秒激光脉冲的 P1 区域和 P2 区域的时空演化，在这里要对输入的光场做一些修正，即利用带有狭缝调制的有限高斯光束来替代无限平面波。计算参数如下： $n_0 = 1.63$ ，

$n_2=3.5\times10^{-15}\,\mathrm{cm}^2/\mathrm{W}$，光束直径 $w_0=4\,\mathrm{mm}$，狭缝宽度 $w_x=3.2\,\mathrm{mm}$，CS_2 介质的长度 $z=100\,\mathrm{mm}$。图 5.11（b）中的蓝色实线表示理论计算 P1 区域对比度的结果，由此图可知，随着输入峰值功率的增加，P1 区域对比度曲线首先迅速增加，然后慢慢变得比较平缓，所以理论计算结果与实验结果基本一致。

（2）有初始啁啾情形

由于啁啾激光脉冲的峰值功率不好定义，所以在实验研究啁啾激光脉冲经过恒定的非线性介质传输时，输入功率为功率能量计所测量的平均功率值。当产生衍射调制的狭缝宽度仍然为 3.2 mm 时，图 5.9（a）至图 5.9（c）和图 5.10（a）至图 5.10（c）分别表示不同输入平均功率条件下的正啁啾飞秒激光脉冲和负啁啾飞秒激光脉冲传输经过 10 cm CS_2 非线性介质后的空间强度分布。由图 5.9（a）至图 5.9（c）和图 5.10（a）至图 5.10（c）可知，无论飞秒激光脉冲带有正啁啾还是负啁啾，随着输入平均功率的增大，空间某些特定的衍射条纹出现了明显的增长，即产生了明显的小尺度自聚焦效应。当输入的平均功率很小时，衍射条纹非常规则，红色的箭头 P1 所指示的衍射条纹并没有出现明显的增长，如图 5.9（a）和图 5.10（a）所示；当输入的平均功率不断增大时，P1 位置的调制出现了迅速的增长，如图 5.9（b）、图 5.9（c）、图 5.10（b）和图 5.10（c）所示，所以 P1 区域发生了明显的小尺度自聚焦效应。而随着输入平均功率的增大，P2 位置的调制并没有出现明显的增长，所以 P2 区域的小尺度自聚焦效应非常弱。

(a)2 mW　　　　　　　　　　(b)10 mW

(c)20 mW

(d) 正啁啾飞秒激光脉冲相应的横向
间（箭头 A 和 B 之间）归一化强度
输入平均功率的变化曲线，其中箭
P1 和点线 P1 表示强度增长区域，
头 P2 和点线 P2 表示强度非增长区

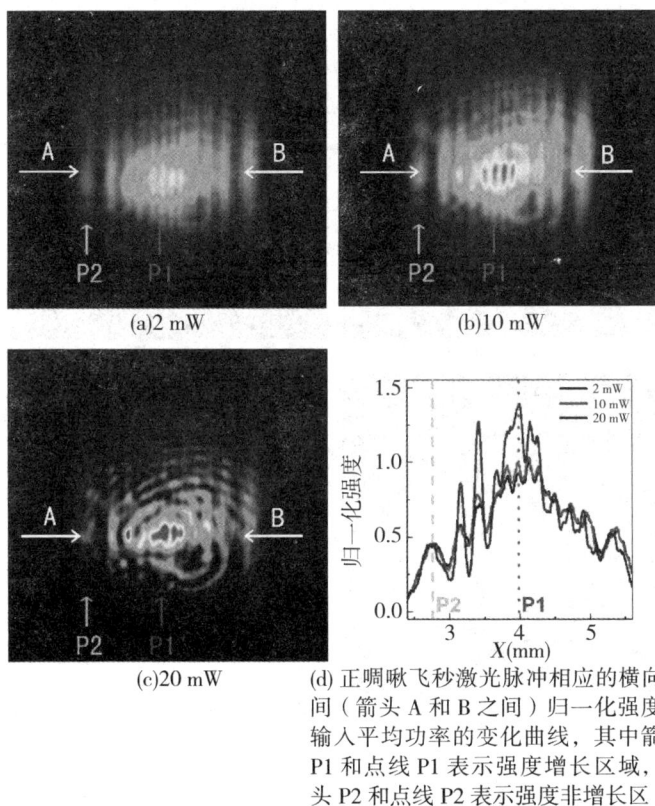

图 5.9　狭缝宽度为 3.2 mm 时，不同输入平均功率的正啁啾飞秒激光脉冲经过 10 cm
CS_2 非线性介质后的空间强度分布

图 5.9（d）和图 5.10（d）分别表示正啁啾飞秒激光脉冲和负啁啾飞秒激光脉冲传输经过 10 cm CS_2 非线性介质之后的横向剖面归一化强度（箭头 A 和 B 之间）随输入平均功率的变化曲线。由图 5.9（d）和图 5.10（d）可知，随着输入平均功率的增大，P1 位置的峰值强度出现了迅速的增加（P1 位于强度增长区域），这说明了 P1 区域的小尺度自聚焦效应变得越来越强；P2 位置的峰值强度基本上是保持不变的（P2 位于强度非增长区域），也说明了 P2 区域的小尺度自聚焦效应非常弱。

107

(a)2 mW

(b)20 mW

(c)30 mW

(d) 负啁啾飞秒激光脉冲相应的横向空间（箭头 A 和 B 之间）归一化强度随输入平均功率的变化曲线，其中箭头 P1 和点线 P1 表示强度增长区域，箭头 P2 和点线 P2 表示强度非增长区域

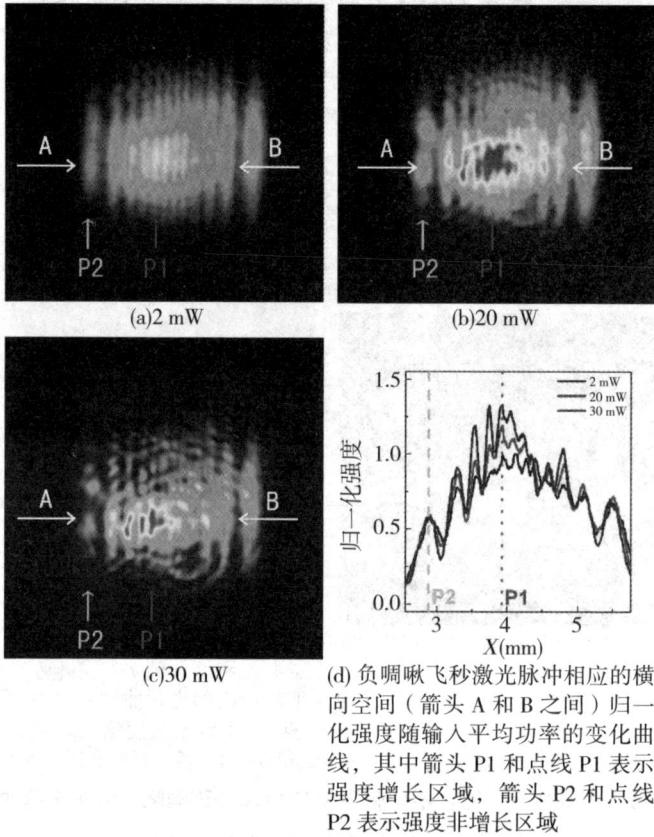

图 5.10　狭缝宽度为 3.2 mm 时，不同输入平均功率的负啁啾飞秒激光脉冲经过 10 cm CS$_2$ 非线性介质后的空间强度分布

　　根据区域对比度的定义同样可得正啁啾和负啁啾飞秒激光脉冲的 P1 区域对比度随输入平均功率的变化，分别如图 5.12（b）和图 5.13（b）中的蓝色实心圆所示。由图 5.12（b）和图 5.13（b）可知，随着输入的平均功率不断增大，P1 区域的对比度首先出现迅速增长，然后慢慢变得比较平缓，原因是有限的光束能量限制了 P1 区域的峰值强度无限增长。所以，由上述分析可知，无论飞秒激光脉冲是否带有初始啁啾，在小尺度自聚焦过程中其空间演化过程基本上是类似的，即图 5.9（a）至图 5.9（d）和图 5.10（a）至图 5.10（d）

的空间强度变化过程与图 5.8（a）至图 5.8（d）基本上是一样的，图 5.12（b）和图 5.13（b）中的区域对比度变化趋势与图 5.11（b）也是基本一样的。

5.6　小尺度自聚焦过程中的时间演化规律

5.6.1　无初始啁啾情形

在超短激光脉冲传输过程中，其时间变化和空间变化是相互依赖的，这就是所谓的时空耦合效应。超短激光脉冲在非线性介质的传输过程中产生明显的小尺度自聚焦效应时，使某些区域的局部空间强度出现迅速增长，反过来局部空间强度的迅速变化又会影响该区域的时间变化。当飞秒激光脉冲没有初始啁啾时，图 5.11（a）和图 5.11（c）分别表示探测激光脉冲探测 P1 和 P2 区域时的互相关曲线随输入峰值功率的变化，实验测量的 P1 和 P2 位置的时间脉宽随输入峰值功率的变化分别如图 5.11（b）和图 5.11（d）所示。由图 5.11（b）和（d）可知，P1 和 P2 位置的初始脉宽分别为 105 fs 和 117 fs，这是因为光束的初始空间强度分布就是不均匀的。当输入的峰值功率从 19 MW 增大到 240 MW 时，P1 区域的互相关曲线慢慢变窄，如图 5.11（a）所示，同时 P1 位置的脉宽由初始的 105 fs 减少到 81 fs，如图 5.11（b）中的红色实心正方形所示，脉宽压缩了大约 23%。当输入的峰值功率为 19 MW 时，非线性效应非常弱，P1 位置的脉宽大约为 105 fs，与自相关仪测量出的脉宽值基本上是一样的。当输入的峰值功率增大到 240 MW 时，由于非线性效应的影响，P1 区域的空间峰值强度增大了 1.8 倍，从而导致 P1 位置的脉宽被压缩到大约 81 fs。当输入的峰值功率从 19 MW 增大到 240 MW 时，P2 区域的空间峰值强度基本上保持不变，所以 P2 区域的互相关曲线也是基本保持不变的，如图 5.11（c）所示，P2 位置的脉宽基本上保持为一个恒定的常数（大约为 117 fs），如图 5.11（d）中的红色实心正方形所示。

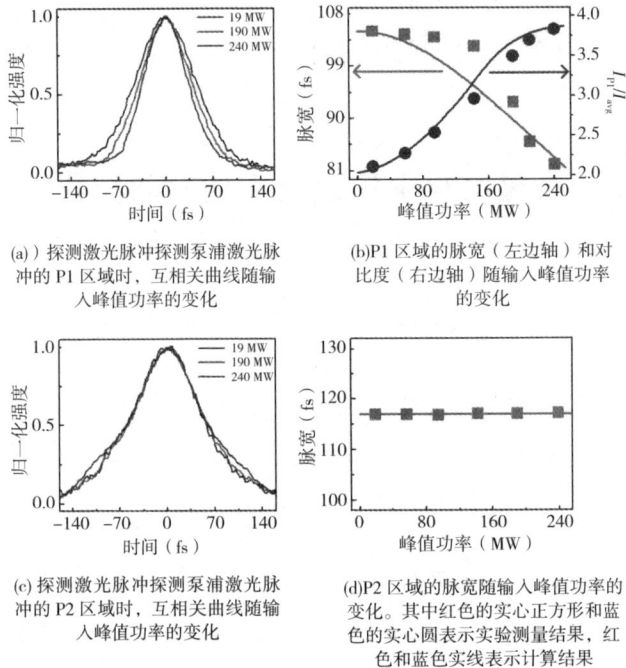

(a) 探测激光脉冲探测泵浦激光脉冲的 P1 区域时，互相关曲线随输入峰值功率的变化

(b) P1 区域的脉宽（左边轴）和对比度（右边轴）随输入峰值功率的变化

(c) 探测激光脉冲探测泵浦激光脉冲的 P2 区域时，互相关曲线随输入峰值功率的变化

(d) P2 区域的脉宽随输入峰值功率的变化。其中红色的实心正方形和蓝色的实心圆表示实验测量结果，红色和蓝色实线表示计算结果

图 5.11　飞秒激光脉冲无初始啁啾时，互相关曲线和脉宽随输入峰值功率的变化情况

由于整个实验过程中 CS_2 非线性介质的长度恒定为 10 cm 不变，所以可以只考虑自相位调制效应而忽略色散效应来估算脉宽随输入峰值功率的变化，理由有两个。①飞秒激光脉冲经过 10 cm CS_2 传输后的色散效应是比较小的；②实验过程中只改变输入的峰值功率，所以经过 10 cm CS_2 传输后的色散值相同。在傅里叶变换极限条件下，高斯脉冲在非线性介质中传输距离 z 之后的脉宽与初始脉宽 T_0 存在如下关系 [56]：

$$\begin{cases} T = \dfrac{T_0}{\left(1 + \dfrac{4}{3\sqrt{3}} \phi_{\max}^2\right)^{1/2}} \\ \phi_{\max} = \gamma P_0 z \end{cases} \tag{5.1}$$

其中：γ 表示非线性系数；P_0 表示输入的峰值功率。图 5.11（b）和图 5.11（d）中的红色实线分别表示理论计算 P1 和 P2 位置的时间脉宽变化。由于公式（5.1）中只考虑了自相位调制效应，而忽略了色散效应，所以理论计算 P1 位置的时间脉宽的变小趋势比实验结果稍微快一些，而随着输入峰值功率的不断增大，理论计算 P2 位置的时间脉宽还是基本保持不变的，从而可知理论计算结果与实验测量结果是比较吻合的。

5.6.2　有初始啁啾情形

当飞秒激光脉冲带有初始正啁啾时，图 5.12（a）和图 5.12（c）分别表示探测激光脉冲探测 P1 和 P2 区域时的互相关曲线随输入平均功率的变化，实验测量的 P1 和 P2 位置的时间脉宽随输入平均功率的变化分别如图 5.12（b）和图 5.12（d）所示。当飞秒激光脉冲带有初始负啁啾时，图 5.13（a）和图 5.13（c）分别表示探测激光脉冲探测 P1 和 P2 区域时的互相关曲线随输入平均功率的变化，实验测量的 P1 和 P2 位置的时间脉宽随输入平均功率的变化分别如图 5.13（b）和图 5.13（d）所示。随着输入的平均功率不断增大，P1 区域的峰值强度出现了迅速增长，所以 P1 区域的互相关曲线开始慢慢变窄，如图 5.12（a）和图 5.13（a）所示，同时 P1 位置的时间脉宽也出现了明显的压缩现象，如图 5.12（b）和图 5.13（b）中带有误差值的红色实心正方形所示。例如，当输入的平均功率从 2 mW 增加到 30.5 mW 时，正啁啾飞秒激光脉冲的 P1 位置的脉宽由初始的 410 fs 减少到 276 fs，压缩了近 33%；当输入的平均功率从 2 mW 增加到 41 mW 时，负啁啾飞秒激光脉冲的 P1 位置的脉宽由初始的 554 fs 减少到 398 fs，压缩了大约 28%。在一定的功率值范围内，随着输入平均功率的增大，P2 区域的峰值强度基本上是不变的，所以 P2 区域的互相关曲线，如图 5.12（c）和图 5.13（c）所示，以及 P2 位置的时间脉宽也都是基本上保持不变的，如图 5.12（d）和图 5.13（d）中带有误差值的红色实心正方形所示。由这些数据分析可知，P1 区域的小尺度自聚焦效应随着输入平均功率的增大而逐渐增强，P2 区域的小尺度自聚焦效应非常弱，从而也可以说明 P1 区域是一个强度增长区域，P2 区域是一个强度非增长区域。

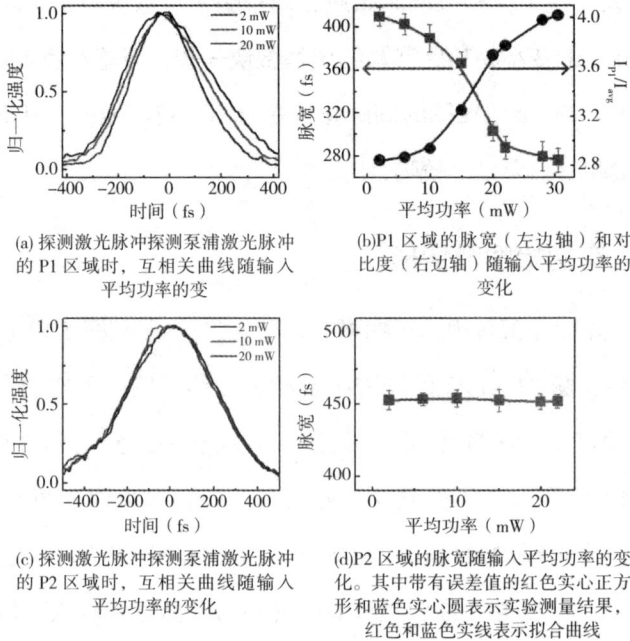

(a) 探测激光脉冲探测泵浦激光脉冲的 P1 区域时，互相关曲线随输入平均功率的变化

(b)P1 区域的脉宽（左边轴）和对比度（右边轴）随输入平均功率的变化

(c) 探测激光脉冲探测泵浦激光脉冲的 P2 区域时，互相关曲线随输入平均功率的变化

(d)P2 区域的脉宽随输入平均功率的变化。其中带有误差值的红色实心正方形和蓝色实心圆表示实验测量结果，红色和蓝色实线表示拟合曲线

图 5.12　飞秒激光脉冲带有初始正啁啾时，互相关曲线和脉宽随输入平均功率的变化情况

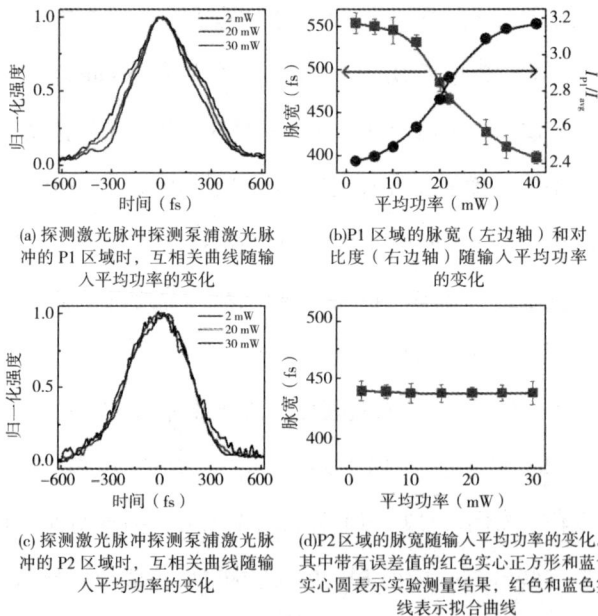

(a) 探测激光脉冲探测泵浦激光脉冲的 P1 区域时，互相关曲线随输入平均功率的变化

(b)P1 区域的脉宽（左边轴）和对比度（右边轴）随输入平均功率的变化

(c) 探测激光脉冲探测泵浦激光脉冲的 P2 区域时，互相关曲线随输入平均功率的变化

(d)P2区域的脉宽随输入平均功率的变化。其中带有误差值的红色实心正方形和蓝色实心圆表示实验测量结果，红色和蓝色实线表示拟合曲线

图 5.13　飞秒激光脉冲带有初始负啁啾时，互相关曲线和脉宽随输入平均功率的变化情况

5.7　啁啾对时间脉宽的演化影响

啁啾是一个很重要的参数，可以用来操控激光脉冲，所以非常有必要分析小尺度自聚焦过程中啁啾对飞秒激光脉冲特定空间位置的时间脉宽演化影响。当啁啾飞秒激光脉冲在克尔非线性介质中传输时，可以用一个非线性薛定谔方程来描述它的传输。由于 x 和 y 方向的光场分布是相同的，同时考虑数值模拟中的采样计算精度要求，选择一个没有损耗和高阶效应的（2+1）维非线性薛定谔方程描述啁啾飞秒激光脉冲的非线性传输：

$$i\frac{\partial U}{\partial z} = -\frac{1}{2\beta_0}\frac{\partial^2 U}{\partial x^2} + \frac{\beta_2}{2}\frac{\partial^2 U}{\partial t^2} - \frac{\omega_0 n_2}{c}\left|U\right|^2 U \tag{5.2}$$

这里 $U(z, x, t)$ 表示光场的时空包络；$\beta_2 < 0$ 是反常色散，$\beta_2 > 0$ 是正常色散；β_0 表示传播常数；ω_0 表示中心频率；n_2 表示非线性折射率系数；c 是真空中的光速；x 表示横向空间；t 表示时间。

对于超短激光脉冲，可以用均方根脉宽 σ 来精确表示其脉宽大小：

$$\sigma = \left[\left\langle T^2\right\rangle - \left\langle T\right\rangle^2\right]^{\frac{1}{2}} \tag{5.3}$$

其中，尖括号表示强度分布的平均值。

$$\left\langle T^n\right\rangle = \frac{\int_{-\infty}^{+\infty} T^n \left|U(z,T)\right|^2 \mathrm{d}T}{\int_{-\infty}^{+\infty} \left|U(z,T)\right|^2 \mathrm{d}T} \tag{5.4}$$

式（5.4）主要说明式（5.3）中 $\left\langle T^2\right\rangle$ 的和 $\left\langle T\right\rangle$ 是如何计算的。$\left|U(z,T)\right|^2$ 表示光强。

为了分析啁啾对特定空间位置的时间脉宽影响，假设初始输入的激光脉冲是一个带有均匀空间调制的高斯型激光脉冲。

113

$$U = \left[1 + a_x \cos\left(q_x x\right)\right] \exp\left[-\frac{1}{2}\left(\frac{x}{d_0}\right)^2\right] \exp\left[-\frac{1}{2}\left(\frac{t}{T_0}\right)^2\right] \exp\left[-\frac{\mathrm{i}C}{2}\left(\frac{t}{T_0}\right)^2\right] \quad (5.5)$$

这里，a_x 是调制强度；q_x 是空间调制频率；d_0 是光束的初始半径；T_0 表示初始脉宽；C 是啁啾参数。主要参数设置如下：$I=6 \times 10^9$ W/cm^2，$\beta_2 = 2.0 \times 10^{-27}$ s^2/cm，$n_0 = 1.6$，$n_2 = 3.5 \times 10^{-15}$ cm^2/W，$\lambda_0 = 800$ nm，$d_0 = 2$ cm，$T_0 = 660$ fs，$q_x = 46.5$ cm^{-1}，$a_x = 0.2$。

图 5.14 表示小尺度自聚焦过程中，不同啁啾值对调制峰位置的时间脉宽演化情况。当啁啾从正值到负值变化时，调制峰位置的脉宽压缩逐渐变快。原因是啁啾通过增强或抑制小尺度自聚焦效应来影响调制峰位置的脉宽。负啁啾增强了小尺度自聚焦效应，使调制峰位置的空间峰值强度增大，自相位调制效应也得到增强，所以加速了调制峰值位置的脉宽压缩。相反，正啁啾抑制了小尺度自聚焦效应，所以导致调制峰位置的脉宽压缩变慢。

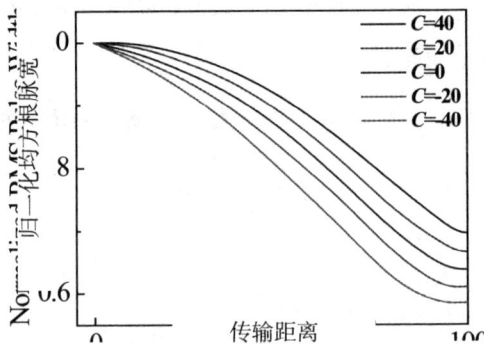

图 5.14　啁啾对飞秒激光脉冲调制峰位置的时间脉宽演化影响

5.8　本章小结

本章实验研究了飞秒激光脉冲小尺度自聚焦过程中的时空演化规律。首先，根据互相关和单次自相关原理，搭建了合适的实验平台。然后，测量了刚刚从 Libra S 激光器中输出的飞秒激光脉冲的时空特性，测量结果表明所提出的实验方法不但可以测量出全空域中不同位置的空间特性，而且可以测量出不同空间位置的时间脉宽特性，由于光束不同空间位置的初始光强是不相等的，所以不同空间位置的时间脉宽也是有差异的。其次，测量了不同输入功率的飞秒激光脉冲经过恒定长度的 CS_2 非线性介质传输之后的时空演化规律。研究发现，无论飞秒激光脉冲是否带有初始啁啾，小尺度自聚焦效应都会导致光束的空间分裂成强度增长区域和强度非增长区域。由于小尺度自聚焦效应的影响，随着输入功率的增加，强度增长区域的调制出现了迅速增长，同时该区域的对比度首先也是迅速增大，随后变得比较平缓。又由于增长区域的局部空间峰值强度是不断增大的，导致该区域的时间脉宽慢慢被压缩。而在强度非增长区域，随着输入功率的增加，调制基本上不出现增长，该区域的时间脉宽也是基本保持不变的。实验结果再次表明我们的方法不但可以测量无啁啾激光脉冲非线性传输的时空演化，而且可以测量啁啾激光脉冲非线性传输过程中的时空演化。最后，基于修正的线性理论，我们分析变换极限激光脉冲非线性传输过程的时空演化，理论分析结果很好地验证了实验测量结果。在光束的局部空间形成细丝之前，详细地研究不同空间位置的时间演化细节过程，能够帮助我们更好地研究高功率激光成丝过程。此外，本章的实验方法对精细测量中红外激光脉冲在非线性介质中传输时，其全空域中不同空间位置的时间演化具有一定的参考价值。

结　论

近十几年来，随着超快激光技术的飞速发展，激光脉冲的时间宽度已经进入阿秒领域，从而使其频谱宽度由"窄带"走向"宽带"范畴。在高功率激光系统中，宽带激光脉冲相对于窄带激光脉冲而言，其较宽的频谱带宽特性有利于抑制小尺度自聚焦发生，从而有望突破主要由非线性效应引起的输出功率受限瓶颈，因此宽带激光脉冲受到人们的广泛关注，并逐渐成为激光技术的一个重要发展方向。但是宽带激光脉冲的非线性传输与窄带激光脉冲又有很大的区别，主要表现在以下两个方面。①宽带激光脉冲由于其"尖锐"的时间特性，使它在介质中传输时会产生各种非线性效应，如自聚焦效应、成丝、脉冲塌陷、脉冲分裂、超连续、自陡峭效应、四波混频效应、受激拉曼效应和高阶色散效应等；②宽带激光脉冲在介质中传输产生各种不同的非线性效应时，可以改变激光脉冲的特性或者高效地产生不同频率的超短电磁波脉冲，但是由于其作用过程非常复杂，并且作用过程又非常快，各种非线性效应的变化过程很难有效地直接进行实时监测测量分析，必须借助激光脉冲之间的相互作用来间接地进行实时测量。基于上述两个方面，本书利用实验室的 Ti:Sapphire 飞秒"宽带"激光器和 HQ 皮秒"准宽带"激光器，研究和精密测量了宽带激光脉冲非线性传输过程中的时空演化特性，主要开展了以下几个方面的工作。①基于广义（3+1）维非线性薛定谔方程解析解，理论上研究了激光脉冲在非均匀介质中传输时的时空传输特性；②搭建了互相关实验平台，并精密测量了非线性传输过程中脉冲演化的时间变化特性，实验上得到了自聚焦过程时间脉宽的变化规律；③搭建了改进的互相关实验平台，并精密测量了非线性传输过程中激光脉冲的时空演化特性，实验上揭示了小尺度自聚焦过程中的时空耦合效应。

宽频带高功率激光脉冲的传输与应用已经成为高功率激光驱动器研究领域的一个研究热点。本书虽然解决了宽带激光脉冲非线性传输过程中的一些重要问题，但仍有些不足和难点没有解决，因此在理论与实验方面还有一些问题值得深入研究。①实验研究受调制的皮秒激光脉冲非线性传输过程中的时空变化规律；②同步双色超短激光脉冲非线性成丝过程中激光参量的实时检测和精密测量；③中红外激光脉冲非线性传输过程中时空演化的精密测量。

参考文献

[1] Strickland D, Mourou G. Compression of amplified chirped optical pulses [J]. Opt. Commun., 1985, 56(3):219-221.

[2] Perry M D. Crossing the petawatt threshold [J]. Science and Technology Review, 1996, 9(4):4-11.

[3] 彭翰生. 超强固体激光及其在前沿科学中的应用 [J]. 中国激光, 2006, 33(6):721-729.

[4] Mourou G A, Tajima T, Bulanov S V. Optics in the relativistic regime [J]. Rev. Mod. Phys., 2006, 78(2):309-371.

[5] Basov N G, Krohkin O H. The conditions of plasma heating by optical generation of radiation [C]. New York: 1963, Columbia University Press, 1964: 1373-1377.

[6] Hunt J T, Speck D R. Present and future performance of the Nova laser system [J]. Opt. Engineering. 1989, 28(40):461-468.

[7] George H M. The National Ignition Facility [C]. Bellingham WA: SPIE, 2004: 1-8.

[8] Speck D R, Bliss E S, Glaze J A. The SHIVA laser fusion facility [J]. IEEE J. Quant. Electron., 1981, QE-17(9):1599-1619.

[9] Kyrazis D T, Speck D R, Bibeau C, et al. Performance and operation of the upgraded Nova laser [C]. Bellingham WA: SPIE, 1989: 169-176.

[10] Kitagawa Y. GEKKO XII petawatt module project [R]. Dsaka: ILE Osaka Universiy 1998.

[11] Moses E I. National Ignition Facility: 1.8 MJ, 750 TW ultraviolet laser [C]. Bellingham WA: SPIE, 2004: 13-24.

[12] Bunkenberg J, Boles J, Brown D C, et al. The OMEGA high-power phosphate-glass system design and performance [J]. IEEE J. Quant. Electron., 1981, QE-17(9):1620-1628.

[13] Bruno M V, John R M, JACK H C, et al. Performance of a prototype for a large-aperture multipass Nd: glass laser for inertial confinement fusion [J]. Appl. Opt., 1997, 36(21):4932-4951.

[14] Atzeni S, Schiavi A, Honrubia J J, et al. Fast ignitor target studies for the HiPER project [J]. Phys. Plasmas, 2008, 15(5):056311

[15] 中国工程物理研究院，星光 II 激光装置研制报告 [R]. 绵阳：中国工程物理研究院，1994.

[16] 中国工程物理研究院，神光 – III 原型装置概念设计报告 [R]. 绵阳：中国工程物理研究院，2001.

[17] 激光 12# 实验装置（LF12）总体技术组. 激光 12# 实验装置（LF12）研制工作报告（内部资料）[R]. 中国科学院上海光学精密机械研究所，1987.

[18] Peng H S, Zhang X M, Wei X F, et al. Status of the SG- III solid state laser project [C]. Bellingham WA: SPIE, 1998: 25-33.

[19] Xiao G Y, Fan D Y, Wang S J, et al. SG-II solid-state laser ICF system [C]. Bellingham WA: SPIE, 1998: 890-895.

[20] 邓锡铭，余文炎，陈时胜，等. 用增加频带宽带的方法提高钕玻璃高功率激光器输出功率 [J]. 光学学报，1983, 3(2):97-101.

[21] 王桂英，陈时胜，余文炎，等. 窄频带和宽频带激光光束的传输特性 [J]. 光学学报，1984, 4(1):1-5.

[22] Powell H T, Dixit S N, Henesian M A. ICF Quarterly Report [R]. LLNL CA: UCRL, 1991.

[23] Wegner P J, Feit M D, Fleck J A, et al. Measurement of the Bespalov-Talanov gain spectrum in a dispersive medium with large n_2 [C]. Bellingham WA: SPIE, 1995: 661-667.

[24] Mckenty P W, Skupsky S, KELLY J H, et al. Numerical investigation

of self-focusing of broad-bandwith laser light with applied angular dispersion [J]. J. Appl. Phys. 1994, 76(4):2027-2035.

[25] Feit M D, Musher S L, Rubenchik A M, et al. Increased Damage Thresholds due to Laser Pulse Modulation [C]. Bellingham WA: SPIE, 1995: 700-708.

[26] Skupsky S, Short R W, Kessler T, et al. Improved laser-beam uniformity using the angular dispersion of frequency-modulated light [J]. J. Appl. Phys. 1989, 66(8): 3456.

[27] 张小民. 宽带高功率激光系统总体与关键技术研究 [D]. 上海：复旦大学, 2006.

[28] Papadopoulos D N, Hanna M, Druon F, et al. Compensation of gain narrowing by self-phase modulation in high-energy ultrashort fiber chirped-pulse amplifiers [J]. IEEE J Quantum Electron., 2009, 15(1):182-186.

[29] 傅喜泉. 宽带激光的传输和放大研究 [D]. 上海：复旦大学, 2005.

[30] Porras M A. Diffraction-free and dispersion-free pulsed beam propagation in dispersive media [J]. Opt. Lett., 2001, 26(17):1364-1366.

[31] Lu D, Hu W, Zheng Y, et al. Propagation of pulsed beam beyond the paraxial approximation in free space [J]. Opt. Commun., 2003, 228(5):217-223.

[32] Porras M A. Ultrashort pulsed Gaussian light beams [J]. Phys. Rev. E, 1998, 58(1):1086-1093.

[33] Kaplan A E, Straub S F, Shkolniko V P L. Electromagnetic bubble generation by half-cycle pulses [J]. Op. Lett., 1997, 22(6):405-407.

[34] Kaplan A E. Diffraction—induced transformation of near cycle and subcycle pulses [J]. J. Opt. Soc. Am. B, 1998, 15(3):951−956.

[35] Porras M A, Borghi R, Santarsiero M. Few—optcial—cycle Bessel—Gauss pulsed beams in free space [J]. Phys. Rev. E, 2000, 62(4):5729−5737.

[36] Porras M A. Nonsinusoidal few—cycle pulsed light beams in free space [J]. J. Opt. Soc. Am. B, 1999, 16(9):1468−1495.

[37] Porras M A. Propagation of single—cycle pulsed light beams in dispersive media [J]. Phys. Rev. A, 1999, 60(6):5069−5074.

[38] Zozulya A A, diddams S A, CLEMENT T S. Investigations of nonlinear femtosecond pulse propagation with the inc1usion of Raman, shock, and third—order phase effect [J]. Phys. Rev. A, 1998, 58(4):3303−3310.

[39] Chin S L, T J WANG, C MARCEAU, et al. Advances in intense femtosecond laser filamentation in air [J]. Laser Phys., 2012, 22(1):1−53.

[40] Conti C, Schmidt M A, Russell P S J, et al. Highly noninstantaneous solitions in liquid—core photonic crystal fibers [J]. Phys. Rev. Lett., 2010, 105(26):263902.

[41] Kolesik M, E M. Wright, J V Moloney. Femtosecond filamentation in air and higher—order nonlinearities [J]. Opt. Lett., 2010, 35(15):2550−2552.

[42] Zozulya A A, Anderson D Z, Mamaev A V. Solitary attractors and low—order filamentation in anisotropic self—focusing media [J]. Phys. Rev. A, 1998, 57(7): 522−534.

[43] Fibich G, S Eisenmann, B Ilan, et al. Control of multiple filamentation

in air [J]. Opt. Lett., 2004, 29(9):1772−1774.

[44] Couairon A, Mysyrowicz A. Femtosecond filamentation in transparent media [J]. Phys. Reports, 2007, 441(22):47−189.

[45] Silberberg Y. Collapse of optical pulses [J]. Opt. Lett., 1990, 15(3):1282−1284.

[46] Shim B, Schrauth S E, Gaeta A L, et al. Loss of phase of collapsing beams [J]. Phys. Rev. Lett., 2012, 108(4):043902.

[47] Gaeta A L. Catastrophic collapse of ultrashort pulses [J]. Phys. Rev. Lett., 2000, 84(17):3582−3585.

[48] Cerullo G, Dienes A, Magni V, et al. Space−time coupling and collapse threshold for femtosecond pulses in dispersive nonlinear media [J]. Opt. Lett., 1996, 21(8):65−67.

[49] Rothenberg J E. Space−time focusing: breakdown of the slowly varying envelope approximate in the self−focusing of femtosecond pulses [J]. Opt. Lett., 1992, 17(19):1340−1342.

[50] Ranka J K, Gaeta A L. Breakdown of the slowly varying envelope approximation in the self−focusing of ultrashort pusles [J]. Opt. Lett., 1998, 23(7):534−536.

[51] Zozulya, Alex A, Diddams, et al. Propagation dynamics of intense femtosecond pulses: multiple splittings, coalescence, and continuum generation [J]. Phys. Rev. Lett., 1999, 82(12):1430−1433.

[52] Dudley J M, Genty G, Coen S. Supercontinuum generation in photonic crystal fiber [J]. Rev. Mod. Phys., 2006, 78(4):1135−1184.

[53] Fork R L, Shank C V, Hirlimann C, et al. Femtosecond white−light continuum pulses[J]. Opt. Lett., 1983, 8(1): 1−3.

[54] Corkum P B, Rolland C. Supercontinuum generation in gases [J]. Phys. Rev. Lett., 1986, 57(20):2268−2271.

[55] Brodeur A, Chin S L. Band−gap dependence of the ultrafast white−light continuum [J]. Phys. Rev. Lett., 1998, 80(10):4406−4409.

[56] Agrawal G P. Nonlinear Fiber Optics (5th Edition) [M]. Oxford: Academic Press, 2013.

[57] Wegener M. Extreme nonlinear optics [M]. New York: Springer, 2005.

[58] Baker S, Walmsley I A, Tisch J W G, et al. Femtosecond to attosecond light pulses from a molecular modulator [J]. Nature Photonics, 2011, 5(20):664−671.

[59] Fang S, Yamane K, Zhu J F, et al. Generation of sub−900−μJ supercontinuum with a two−octave bandwidth based on induced phase modulation in argon−filled hollow fiber [J]. IEEE Photonics Tech. Lett., 2011, 23(11):688−690.

[60] Morgner U. Ultrafast optics: Single−cycle pulse generation [J]. Nature Photonics, 2010, 4(18):14−15.

[61] Yanovsky Y, Chvykov V, Kalinchenko G, et al. Ultra−high intensity−300−TW laser at 0.1 Hz repetition rate [J]. Opt. Express, 2008, 16(3):2109−2114.

[62] Sung J H, Yu T J, Lee S K, et al. Design of a femtosecond Ti: sapphire laser for generation and temporal optimization of 0.5−PW laser pulses at a 0.1 Hz repetition rate [J]. J. Korean Phys. Soc., 2009, 13(1):53−59.

[63] Sung J H, Lee S K, Yu T J, et al. 0.1 Hz 1.0 PW Ti:sapphire laser [J]. Opt. Lett., 2010, 35(7):3021−3023.

[64] Tae J Y, Seong K L, Jae H S, et al. Generation of high-contrast, 30 fs, 15 PW laser pulses from chirped-pulses amplification Ti:sapphire laser [J]. Opt. Express, 2012, 20(10):10807-10815.

[65] C Yuxi, L Xiaoyan, Y Lianghong, et al. High-contrast 2.0 Petawatt Ti:sapphire laser system [J]. Opt. Express, 2013, 21(24):29231-29239.

[66] X Yi, L Jun, L Wenkai, et al. A stable 200TW/1Hz Ti:sapphire laser for driving full coherent XFEL [J]. Opt. Laser Technol., 2016, 79:141-145.

[67] Jae H S, Hwang W L, Je Y Y, et al. 42 PW, 20 fs Ti:sapphire laser at 0.1 Hz [J]. Opt. Lett., 2017, 42(11):2058-2061.

[68] L Wenqi, G Zebiao, Y Lianghong, et al. High-energy Ti:sapphire chirped-pulse amplifier for 10 PW laser facility [J]. Opt. Lett., 2018, 43(22):5681-5684.

[69] Brabec T, Krausz F. Nonlinear optical pulse propagation in the single-cycle regime [J]. Phys. Rev. Lett., 1997, 78(11):3282-3285.

[70] Brabec T, Krausz F. Intense few-cycle laser fields: Frontiers of nonlinear optics [J]. Rev. Mod. Phys., 2000, 72(2):545-591.

[71] Porras M A. Propagation of single-cycle pulse light beams in dispersive media [J]. Phys. Rev. A, 1999, 60(6):5069-5073.

[72] Sprangle P, Penano J R, Hafizi B. Propagation of intense short laser pulses in the atmosphere [J]. Phys.Rev. E, 2002, 66(4): 046418.

[73] Ranka J K, Schirmer R W, Gaeta A L. Observation of pulse splitting in nonlinear dispersive media [J]. Physical Review Letters, 1996, 77(18):3783-3786.

[74] Rothenberg J E. Pulse splitting during self-focusing in normally dispersive media [J]. Optics Letters., 1992, 17(8):583-585.

[75] Luther G G, Moloney J V, Newell A C, et al. Self-focusing threshold in normally dispersive media [J]. Optics Letters, 1994, 19(12):862-864.

[76] Chernev P, Petrov V. Self-focusing of light pulses in the presence of normal group-velocity dispersion [J]. Optics Letters, 1992, 17(3):172-174.

[77] Diddams S A, Eaton H K, Zozulya A A, et al. Amplitude and phase measurements of femtosecond pulse splitting in nonlinear dispersive media [J]. Optics Letters, 1998, 23(5):379-381.

[78] Cerullo G, Dienes A, Magni V. Space-time coupling and collapse threshold for femtosecond pulses in dispersive nonlinear media [J]. Optics Letters, 1996, 21(1):65-67.

[79] Baltuska A, Wei Zhiyi, Pshenichnikov M S, et al. Optical pulse compression to 5 fs at a1-MHz repetition rate [J]. Optics Letters, 1997, 22(2):102-104.

[80] Nisoli M, Silvestri D S, Svelto O, et al. Compression of high-energy laser pulses below 5 fs [J]. Optics Letters, 1997, 22(8):522-524.

[81] SHen Y R. The principle of nonlinear optics [M]. New York: JohnWiley & Sones, 1984.

[82] Stegeman G I, Segev M. Optical spatial solitons and their interactions: universality and diversity [J]. Science, 1999, 286(5444):1518-1523.

[83] Williams W, Renard P A, MANES K R, et al. Modeling of self-

focusing experiments by beam propagation codes [R]. LLNL Laser Program Quarterly Report, 1996, UCRL-LR-105821-96-1:1-8.

[84] Murray J, Sacks R, Auerbach J, et al. Laser requirements and performance [R]. LLNL Laser Program Quarterly Report, 1997, UCRL-LR-105821-97-3:99-105.

[85] Williams W, Trenholme J, Orth C, et al. NIF design optimization [R]. LLNL Laser Program Quarterly Report, 1996, UCRL-LR-105821-96-4:181-191.

[86] Sacks R A, Henesian M A, Haney S W, et al. The PROP92 Fourier beam propagation code [R]. LLNL Laser Program Quarterly Report, 1996, UCRL-LR-105821-96-4:207-213.

[87] Marburger J H, Wagner W G. Self-focusing as a pulse sharpening mechanism [J]. IEEE J Quantum Electron, 2003, 3(10):415-416.

[88] Bespalov V I, Talanov V I. Filamentary structure of light beams in nonlinear liquids [J]. JETP Lett., 1966, 3:307-310.

[89] Campillo A J, Shapiro S L, Suydam B R. Periodic breakup of optical beams due to self-focusing [J]. Applieel Physic Letters, 1973, 23(3):628-630.

[90] Campillo A J, Shapiro S L, Suydam B R. Relationship of self-focusing to spatial instability modes [J]. Applieel Physic Letters, 1974, 24(5):178-180.

[91] Bliss E S, Speck D R, Holzrichter J F, et al. Propagation of a high-intensity laser pulse with small-scale intensity modulation [J]. Applieel Physic Letters, 1974, 25(8):448-450.

[92] Kibler B, Fatome J, Finot C, et al. The peregrine soliton in nonlinear fibre optics [J]. Nature Phys., 2010, 6(10):790-795.

[93] Hammani K, Kibler B, Finot C, et al. Peregrine soliton generation and breakup in standard telecommunication fiber [J]. Optics Letters, 2011, 36(2):112–114.

[94] Erkintalo M, Hammani K, Kibler B, et al. Higher–order modulation instability in nonlinear fiber optics [J]. Physical Review Letters, 2011, 107(25):253901.

[95] 文双春. 强激光非线性自聚焦效应研究 [D]. 上海：中国科学院上海光学精密机械研究所，2001.

[96] 文双春，范滇元. 光束成丝的非线性理论 [J]. 光学学报，2001，21(12):1458–1462.

[97] 文双春，范滇元. 有时空聚焦效应情形下非线性色散介质中的时空不稳定性 [J]. 中国科学 A 辑，2002，45(9):1192–1643.

[98] 文双春，钱列加，范滇元. 强光束局部小尺度调制致多路成丝现象研究 [J]. 物理学报，2003，52(7):1640–1643.

[99] Wen Shuangchun, Fan Dianyuan. Small–scale self–focusing of intense laser beams in the presence of vector effect [J]. Chinese Physics Letters, 2000, 17(10):731–733.

[100] Wen Shuangchun, Fan Dianyuan. Small–scale self–focusing of intense laser beams in nonlinear media with loss [J]. Chinese Journal of Lasers B, 2000, 9(4):356–359.

[101] 章礼富. 高功率宽频带激光脉冲自聚焦效应的实验研究 [D]. 长沙：湖南大学，2010.

[102] ZHang Lifu, Wen Shuangchun Fu Xiquan, et al. Spatiotemporal instability in dispersive nonlinear Kerr medium with a finite response time [J]. Optics Communications, 2010, 283(10):2251–2257.

[103] Zhang Lifu, Fu Xiquan, DENG Jianqin, et al. Nonlinear increase of spatial noise for ultrashort pulses with different temporal widths [J]. Journal-Korean Physical Society, 2009, 55(2):400-404.

[104] Zhang Lifu, Fu Xiquan, Feng Zehu, et al. Experimental research of pulsed chirp effect on the small-scale self-focusing [J]. Science in China Series G, 2008, 51(11):1863-1880.

[105] 侯彦超. 啁啾脉冲激光小尺度自聚焦过程中不同空间位置的时空演化研究 [D]. 长沙：湖南大学, 2011.

[106] 侯彦超, 傅喜泉, 刘辉. 脉冲激光小尺度自聚焦过程中不同空间位置的时间演化研究 [J]. 中国激光, 2011, 38(3):75-79.

[107] Deng Y B, Wen B, Deng S G, et al. Study on the impact of high-order effects on the evolution of a trapped soliton pumped by a high-power pulse [J]. Opt. Laser Technol., 2019, 120:105699

[108] Deng Y B, Deng S G, Shi X H, et al. Evolution of analytic solutions to the (3+1)-dimensional generalized nonlinear Schrödinger equation with variable coefficients and optical lattice [J]. Optik-International Journal for Light and Electron optics, 2017, 145:623-631.

[109] Deng Y B, Deng S G, Tan C, et al. Study on propagation characteristics of temporal soliton in Scarff II PT-symmetric potential based on intensity moments [J]. Optics & Laser Technology, 2016, 79:32-38.

[110] Deng Y B, ZHang G G, Tian Y, et al. Evolution of temporal soliton solution to the generalized nonlinear Schrödinger equation with variable coefficients and PT-symmetric potential [C]. In Proc. SPIE, Beijing WA: SPIE, 2016, 10029:1002911

[111] Deng Y B, Zhang S H, Fu X Q, et al. Modulational instability based on the exact solutions of nonlinear Schrödinger equation with an elliptic potential [J]. Optik, 2013, 124(23):6411-6414.

[112] Deng Y B, Fu X Q, Tan C. Spatiotemporal propagation characteristics based on the exact solutions of the generalized nonlinear Schrödinger equation by intensity moments [J]. Opt. Commun., 2012, 285(12):2924-2933.

[113] Deng Y B, Wang C H, Fu X Q, et al. Evolution of the exact spatiotemporal periodic wave and soliton solutions of the (3+1)-dimensional generalized nonlinear Schrödinger equation with distribution coefficients [J]. Opt. Commun., 2011, 284(5):1364-1369.

[114] Rullière C. Femtosecond Laser Pulses: Principles and Experiments (Second Edition) [M]. New York: Springer, 2003.

[115] Hamammatsu K K. Guid to streak cameras. http://www.hamamatsu.com, 1999.

[116] Tsuchiya Y. Advances in streak camera instrumentation for the study of biological and physical processes [J]. IEEE J. Quant. Electron., 1984, 20:1556-1528.

[117] Nikolopoulos L A A, Benis E P, Tzallas P, et al. Second order autocorrelation of an XUV attosecond pulse train [J]. Phys. Rev. Lett., 2005, 94(11):113905.

[118] Diels J C M, Fontaine J J, Mcmichael I C, et al. Control and measurement of ultrashort pulse shapes (in amplitude and phase) with femtosecond accuracy [J]. App. Opt., 1985, 24(9):1270-1282.

[119] Langlois P, Ippen E P. Measurement of pulse asymmetry by three-

photon-absorption autocorrelation in a GaAsP photodiode [J]. Opt. Lett., 1999, 24(24): 1868-1870.

[120] Luan S, Hutchinson M H R, Smith R A, et al. High dynamic range third-order autocorrelation measurement of picosecond laser pulse shapes [J]. Meas. Sci. Technol., 1993, 4(10): 1426-1429.

[121] Feurer T, Niedermeier S, Sauerbrey R. Measuring the temporal intensity of ultrashort laser pusles by triple correlation [J]. Appl. Phys. B, 1998, 66(7): 163-168.

[122] Diels J C, Rudolph W. Ultrashort laser pulse phenomenon: fundamentals, techniques and applications on a femtosecond time scale [M]. Boston: Academic Press, 1996.

[123] Träger G. Handbook of lasers and optics [M]. New York: Springer, 2007.

[124] Dlemar Photonics. Femtosecond Single Shot Autocorrelator: Model REEF-SS ASF-200, Instruction Manual.

[125] Sacks Z, Mourou G, Danielius R. Adjusting pulse-front tilt and pulse duration by use of a single-shot autocorrelator [J]. Opt. Lett., 2001, 26(7): 462-464.

[126] liesfeld B, Bernhardt J, Amthor K U, et al. Single-shot autocorrelation at relativeistic intensity [J]. Appl. Phys. Lett., 2005, 86(16): 161107.

[127] Mashiko H, Suda A, Midorikawa K. All-reflective interferometric autocorrelator for the measurement of ultra-short optical pulses [J]. Appl. Phys. B, 2003, 76(35): 525-530.

[128] Mashiko H, Suda A, Midorikawa K. Second-order autocorrelation

functions for all-reflective interferometric autocorrelator [J]. Appl. Phys. B, 2007, 87:221-226.

[129] Hörlein R, Nomura Y, Tzallas P, et al. Temporal characterization of attosecond pulses emitted from solid-density plasmas [J]. New J. Phys., 2010, 12(4):043020.

[130] Möhring J, Buckup T, Lehmann C S, et al. Generation of phase-controlled ultraviolet pulses and characterization by a simple autocorrelator setup [J]. J. Opt. Soc. Am. B, 2009, 26(8):1538-1544.

[131] Kane D J, Trebino R. Characterization of arbitrary femtosecond pulses using frequency-resolved optcal gating [J]. IEEE J Quantum Electron., 1993, 29:571-579.

[132] Delong K W, Trebino R, Kane D J, et al. Comparison of ultrshort-pulse frequency-resolved-optical-gating traces for tree common beam geometries [J]. J. Opt. Soc. Am. B, 1994, 21(7):1595-1608.

[133] Trebino R. Frequency-resolved optical gating: the measurement of ultrashort laser pulses [M]. Norwell: Kluwer Academic Publisher, 2000.

[134] Froehly C, Lacourt A, Vienot J C, et al. Time impulse response and time frequency response of optical pupils: Experimental confirmation and applications [J]. Nouv. Rev. Opt., 1973, 4(12):183-196.

[135] Piasecki J, Colombeau B, Vampouille M, et al. Nouvelle methode de measure de la respose impulsion nelle des fibres optiques [J]. Appl. Opt., 1980, 19:3749-3755.

[136] Reynaud F, Salin F, BARHTELEMY A. Measurement of phase

shifts introduced by nonlinear optical phenomena on subpicosecond pulses [J]. Opt. Lett., 1989, 14(7):275-277.

[137] Lepetit L, Cheriaux G, Joffre M. Linear techniques of phase measurement by femtosecond spectral interferometry for applications in spectroscopy [J]. J. Opt. Soc. Am. B, 1995, 12(5):2467-2474.

[138] Iaconis C, and Walmsley I A. Spectral phase interferometry for direct electric-field reconstruction of ultra-short optical pulses [J]. Opt. Lett, 1998, 23(10):792-794.

[139] Iaconis C, and Walmsley I A. Self-referencing spectral interferometry for measuring ultrashort optical pulse [J]. IEEE J Quantum Electron., 1999, QE-35(4):501-509.

[140] Gallmann L, Sutter D H, Matuschek N, et al. Characterization of sub-6-fs optical pulses with spectral phase interferometry for direct electric-field reconstruction [J]. Opt. Lett., 1999, 24(4):1314-1316.

[141] Hirasawa M, Nakagawa N, Yamamoto K, et al. Sensitivity improvement of spectral phase interferometry for direct electric-filed reconstruction for the characterization of low-intensity femtosecond pulses [J]. Appl. Phys. B, 2002, 74:s225-s229.

[142] Kornelis W, Biegert J, Tisch J. W. G, et al. Single-shot kilohertz characterization of ultrashort pulses by spectral phase interferometry for direct electric-field reconstruction [J]. Opt. Lett., 2003, 28(10):281-283.

[143] Supradeepa V R, Leaird D E, Weiner A M. Optical arbitrary

waveform characterization via dual–quadrature spectral interferometry [J]. Opt. Express, 2009, 17(7):25–33.

[144] Manzoni C, Polli D, Cerullo G. Two–color pump–probe system broadly tunable over the visible and the near infrared with sub–30 fs temporal resolution [J]. Rev. Sci. Instrum., 2006, 77(2): 023103.

[145] Polli D, Lüer L, Cerullo G. High–time–resolution pump–probe system with broadband detection for the study of time–vibrational dynamics [J]. Rev. Sci. Instrum., 2007, 78(10):103108.

[146] Wahlstrand J K, Milchberg H M. Effect of a plasma grating on pump–probe experiments near the ionization threshold in gases [J]. Opt. Lett., 2011, 36(9):3822–3824.

[147] Polli D, Brida D, Mukamel S, et al. Effective temporal resolution in pump–probe spectroscopy with strongly chirped pulses [J]. Phys. Rev. A, 2010, 82(5):053809.

[148] Wörner H J, Bertrand J B, Fabre B, et al. Conical intersection dynamics in NO_2 probed by homodyne high–harmonic spectroscopy [J]. Science, 2011, 334(6053):208–212.

[149] Shivaram N, Roberts A, Xu L, et al. In situ spatial mapping of Gouy phase slip for high–detail attosecond pump–probe measurements [J]. Opt. Lett., 2010, 35(20):3312–3314.

[150] Deng S G, Deng Y B, Xiong C X, et al. Measuring the temporal evolution characteristics of picosecond pulses based on cross–correlation during nonlinear propagation [J]. Optik, 2015, 126(23):3965–3968.

[151] Deng Yangbao, Yang Hua, Tang Ming, et al. Experimental research

on measuring the fine structure of long pulse in time domain by synchronized ultrashort pulse [J]. Optics Communications, 2011, 281(3):847-851.

[152] Deng Yangbao, Deng Shuguang, Tan Chao, et al. Study on spatiotemporal evolution of chirped femtosecond laser pulses at specific spatial position during small-scale self-focusing [J]. Optik, 2018, 155:97-104.

[153] Deng Yangbao, Fu Xiquan, Tan Chao, et al. A method for measuring the pulse width at different spatial positions of ultrashort pulses laser [J]. IEEE Photonics Technology Letters, 2014, 26(12):1263-1265.

[154] Deng Yangbao, Fu Xiquan, TAN Chao, et al. Experimental investigation of spatiotemporal evolution of femtosecond laser pulses during small-scale self-focusing [J]. Applied Physics B, 2014, 114(3):449-454.

[155] Boyd R W, Lukishova S G, Shen Y R. Self-focusing: Past and present [M]. Berlin: Springer, 2009.

[156] 王灿华. 宽带啁啾脉冲激光非线性传输过程中的时空微扰研究 [D]. 长沙: 湖南大学, 2010.

[157] Zakharov V E, Shabat A B. Exact theory of two-dimensional self-focusing and one-dimensional self-modulation of waves in nonlinear media [J]. JETP, 1972, 34(6):62-39.

[158] Zakharov V E, Manakov S V, Novikov S P, et al. Soliton theory: Inverse scattering method [M]. Moscow: Nauka Press, 1980.

[159] Gagnon L, Winternitz P. Lie symmetries of a generalized nonlinear

Schrödinger equation: I. The symmetry group and its subgroups [J]. J. Phys. A, 1988, 21(7):1493–1511.

[160] Gagnon L, Winternitz P. Lie symmetries of a generalized nonlinear Schrödinger equation: II. Exact solutions [J]. Ibid, 1989, 22(5):469–497.

[161] Gagnon L, Grammaticos B, Ramani A, et al. Lie symmetries of a generalized nonlinear Schrödinger equation: III. Reductions to third-order ordinary differential equation [J]. Ibid, 1989, 22(5):499–509.

[162] Gagnon L, Winternitz P. Exact solutions of the spherical quitic nonlinear Schrödinger equation [J]. Phys. Lett. A, 1989, 134(5):276–281.

[163] Martin L, Soliani G, Wintenitz P. Exact solutions of the cubic and quitic nonlinear Schrödinger equation [J]. Phys. Rev. A, 1989, 39(1):296–306.

[164] Anderson D, Bonneal M, Lisak M. Variation approach to nonlinear self-focusing of Gaussian laser beams [J]. Phys. Fluids, 1979, 22(1):105–109.

[165] Karlsson M, Anderson D, Desaix M, et al. Dynamic effects of Kerr nonlinearity and spatial diffraction on self-phase modulation of optical pulses [J]. Opt. Lett., 1991, 16(18):1373–1375.

[166] Desaix M, Anderson D, Lisak M. Variation approach to collapse of optical pulses [J]. J. Opt. Soc. Am. B, 1991, 8(10):2082–2086.

[167] Manassah J T, Gross B. Comparison of the paraxial-ray approximation and the variation method solutions to the numerical

results for a beam propagation in a self-focusing medium [J]. Opt. Lett., 1992, 17(14):976-978.

[168] Enns R H, Rangnekar S S. Variation approach to bistable solitary waves of the first kind in d dimensions [J]. Phsy. Rev. E, 1993, 48(5):3998-4007.

[169] 文双春，徐文成，郭旗，等．变系数非线性 Schrödinger 方程孤子的演化 [J]. 中国科学 A 辑，1997, 27(10):949-953.

[170] Berge L. Wave collapse in physics: principles and applications to light and plasma waves [J]. Phys. Rep., 1998, 303(23):259-370.

[171] Vlasov S N. On the influence of a reflected wave on the self-focusing of light beams in a cubically nonlinear medium [J]. Ibid, 1975, 18(4):615-618.

[172] Yan Zhenya, Zhang Hongqing. New explicit solitary wave solutions and periodic wave solutions for Whitham-Broer-Kaup equation in shallow water [J]. Phys. Lett. A, 2001, 285(5):355-362.

[173] Inc M, Evans D J. On travelling wave solutions of some nonlinear evolution equation [J]. Int. J. Comput. Math, 2004, 81(2):191-202.

[174] Fu Zuntao, Liu Shikuo, Liu Shida, et al. New Jacobi elliptic function expansion and new periodic solutions of nonlinear wave equations [J]. Phys. Lett. A, 2001, 290(1-2):72-76.

[175] Yang Lei, Liu Jianbin, Yang Kongqing. Exact solutions of nonlinear PDE, nonlinear transformations and reduction of nonlinear PDE to a quadrature [J]. Phys. Lett. A, 2001, 278(5):267-270.

[176] Wang M L, Li X Z, Zhang J L. The (G' /G)-expansion method and traveling wave solutions of nonlinear evolution equations in

mathematical physics [J]. Phys. Lett. A, 2008, 372(4):417–423.

[177] Wang M L, Zhou Y B, Li Z B. Application of a homogeneous balance method to exact solutions of nonlinear equations in mathematical physics [J]. Phys. Lett. A, 1996, 216:67–75.

[178] Fan E G, Zhang H Q. A note on the homogeneous balance method [J]. Phys. Lett. A, 1998, 246:403–406.

[179] Fan E G. Two new applications of the homogeneous balance method [J]. Phys. Lett. A, 2000, 265(32):353–357.

[180] Liu J B, Yang K Q. The extended F–expansion method and exact solutions of nonlinear PDEs [J]. Chaos, Solitons & Fractals, 2004, 22(1):111–121.

[181] Wang D S, Zhang H Q. Further improved F–expansion method and new exact solutions of Konopelchenko–Dubrovsky equation [J]. Chaos, Solitons & Fractals, 2005, 25(3):601–610.

[182] Zhang J F, Dai C Q, Yang Q, et al. Variable–coefficient F–expansion method and its application to nonlinear Schrödinger equation [J]. Opt. Commun., 2005, 252(2):408–421.

[183] Zhong W P, Xie R H, Belić M R, et al. Exact spatial soliton solutions of the two–dimensional generalized nonlinear Schrödinger equation [J]. Phys. Rev. A, 2008, 78(2):023821.

[184] Belić M R, Petrović N Z, Zhong W P, et al. Analytical light bullet solutions to the generalized (3+1)–dimensional nonlinear Schrödinger equation [J]. Phys. Rev. Lett., 2008, 101(12):123904.

[185] Petrović N Z, Belić M R, Zhong W P, et al. Exact spatiotemporal wave and soliton solutions to the generalized (3+1)–dimensional

nonlinear Schrödinger eequation for both normal and anomalous dispersion [J]. Opt. Lett., 2009, 34(10):1609−1701.

[186] Dai C Q, Wang Y Y, Zhang J F. Analytical spatiotemporal localizations for the generalized (3+1)−dimensional nonlinear Schrödinger equation [J]. Opt. Lett., 2010, 35(9):1437−1439.

[187] Wang L L, Qian C, Dai C Q, et al. Analytical soliton solutions for the general nonlinear Schrödinger equation including linear and nonlinear gain (loss) with varying coefficients [J]. Opt. Commun., 2010, 283(21):4372−4377.

[188] Bastami A A, Belić M R, Milović D, et al. Analytical chirped solutions to the (3+1)−dimensional Gross−Pitaevskii equation for various diffraction and potential functions [J]. Phys. Rev. E, 2011, 84(1):016606.

[189] Taha T R, Ablowitz M I. Analytical and numerical aspects of certain nonlinear evolution equations. II. Numerical, nonlinear Schrödinger equation [J]. J. Comput. Phys., 1984, 55(2):203−230.

[190] Kaup D J. A high−order water−wave equation and the method for solving it [J]. Prog. Theor. Phys., 1975, 54(2):396−408.

[191] Serkin V N, Hasegawa A. Novel soliton solutions of the nonlinear Schrödinger equation model [J]. Phys. Rev. Lett., 2000, 85(21):4502−4505.

[192] Chen S H, YI L, Guo D S, et al. Self−similar evolutions of parabolic, Hermite−Gaussian, and hybrid optical pulses: University and diversity [J]. Phys. Rev. E, 2005, 72(1):016622.

[193] Towers I, Malomed B A. Stable (2+1)−dimensional solitons in a

layered medium with sign-alternating Kerr nonlinearity [J]. J. Opt. Soc. Am. B, 2002, 19(3):537–543.

[194] Adhikari S K. Stabilization of bright solitons and vortex solitons in a trapless three-dimensional Bose-Einstein condensate by temporal modulation of the scattering length [J]. Phys. Rev. A, 2004, 69(6):063613.

[195] Alexandrescu A, Montesinos G D, Pérez-garcía V M. Stabilization of higher-order solutions of the cubic nonlinear Schrödinger equation [J]. Phys. Rev. E, 2007, 75(4):046609.

[196] Matuszewski M, Trippenbach M, Malomed B A, et al. Two-dimensional dispersion-managed light bullets in Kerr media [J]. Phys. Rev. E, 2004, 70(1):016603.

[197] Matuszewski M, Infeld E, Malomed B A, et al. Fully three dimensional breather solitons can be created using feshbach resonances [J]. Phys. Rev. Lett., 2005, 95(5):050403.

[198] Matuszewski M, Infeld E, Malomed B A, et al. Stabilizaiton of three-dimensional light bullets by a transverse lattice in a Kerr medium with dispersion management [J]. Opt. Commun., 2006, 259:49–54.

[199] Simon R, Sudarshan E C G, Mukunda N. Generalized rays in first-order optics: transformation properties of Gaussian Schell-model fields [J]. Phys. Rev. A, 1984, 29(6):3273–3279.

[200] Wright D, Greve P, Fleischer J, et al. Laser beam width, divergence and beam propagation factor-an international standardization approach [J]. Optical and Quantum Electron., 1992,

24(9):S993−S1000.

[201] Weber H. Propagation of higher−order intensity moments in quadratic−index media [J]. Optical and Quantum Electron., 1992, 24(9):S1027−S1049.

[202] Siegman A E. New developments in laser resonators [C]. In Proc. SPIE, 1992, 1224:2.

[203] Bélanger P A. Beam propagation and the ABCD ray matrices [J]. Opt. Lett., 1991, 16(4):196−198.

[204] Gori F, Santarsiero M, Sona A, et al. The change of width for partially coherent beam on paraxial propagation [J]. Opt. Commun., 1991,82(10):197−203.

[205] Lü B D, Wang X Q. Kurtosis parameter of Bessel−modulated Gaussian beams propagation through ABCD optical systems [J]. Opt. Commun., 2002, 204(5):91−97.

[206] Saghafi S, Sheppard C J R, Piper J A. Characterising elegant and standard Hermite−Gaussian beam modes [J]. Opt. Commun., 2001, 191(10):173−179.

[207] Song Y, Hong G, Xiquan F, et al. Propagation properties of elegant Hermite−cosh−Gaussian laser beams [J]. Opt. Commun., 2002, 204:59−66.

[208] Martinez−Herrero R, Piquero G, Mejias P M. On the propagation of the kurtosis parameter of general beams [J]. Opt. Commun., 1995, 115(12):225−232.

[209] Chen L Z, Wen S C, Wang Y W, et al. Synchronized and relative timing jitter measurement of femotsecond and picoseond laser

regenerative amplifer [J]. IEEE J Quantum Electron., 2010, 46(9):1354-1359.

[210] Hao Z Q, Zhang J, Lu X, et al. Spatial evolution of multiple filaments in air induced by femtosecond laser pulses [J]. Opt. Express, 2006, 14(3):773-778.

[211] Schroeder H, Chin S L. Visualization of the evolution of multiple filaments in methanol [J]. Opt. Commun., 2004, 234(5):399-406.

[212] Bérubéj P, Vallée R, Bernier M, et al. Self and forced periodic arrangement of multiple filaments in glass [J]. Opt. Express, 2010, 18(10):1801-1819.

[213] Hosseini S A, Luo Q, Ferland B, et al. Competition of multiple filaments during the propagation of intense femtosecond laser pulses [J]. Phys. Rev. A., 2004, 70(3).

[214] Strycker B D, Springer M, Trendafilova C, et al. Energy transfer between laser filaments in liquid methanol [J]. Opt. Lett., 2012, 37(6):16-18.

[215] Ganeev R A, Ryasnyansky A I, BABA M, et al. Nonlinear refraction CS_2 [J]. Appl. Phys. B, 2004, 78(12):433-438.

[216] Goodman J W. Introduction to Fourier Optics (Third Edition) [M]. Englewood: Roberts & Company, 2005.

致　谢

　　岁月如梭，光阴似箭，不知不觉博士毕业后已经工作 7 年了，回想起博士学习和工作这段时间，真是感慨良多。

　　在我博士学习期间，傅喜泉教授总是亲自传授我如何进行科研，并且亲自帮我修改论文。当我在科研工作和平时生活中碰到困难时，傅喜泉教授总是耐心地帮我分析问题，然后再想办法帮我解决这些问题，还会亲自到实验室给予我指导。当我参加工作后，傅喜泉教授在科学研究上还是一直给予我很大的帮助。值此学术专著完成之际，衷心感谢傅喜泉教授对我悉心的关怀和谆谆教诲。

　　衷心感谢文双春教授在我博士学习期间对我悉心的关怀和谆谆教诲。在本学术专著完成之际，谨向文双春教授表示我最衷心的感谢和崇高的敬意！

　　最后，我要衷心感谢我亲爱的家人，在博士学习和工作期间，有了他们在背后默默支持我的科研工作和日常生活，才使我能够有信心和勇气面对各种困难，迎接挑战，顺利完成此学术专著。

邓杨保

2019 年 12 月